超省錢蔬菜料理

20 種耐放蔬菜烹調，完全不浪費！

黃筱蓁 著

Magic

Kitchen

005　作者序／
吃得健康、安心的蔬菜料理！

蔬菜的食樂好生活
蔬菜營養價值‧挑選原則‧
保存重點‧切法處理‧清洗原則

008　南瓜
009　山藥‧芋頭
010　地瓜‧馬鈴薯
011　小黃瓜
012　紅蘿蔔‧白蘿蔔
013　冬瓜
014　高麗菜‧大白菜
015　洋蔥
016　茄子
017　甜椒‧蕃茄
018　玉米
019　西洋芹
020　四季豆
021　杏鮑菇

022　農藥不殘留，吃得更安心！
024　善用鍋具，省時又省力！

PART 1

涼拌炒蒸
低卡料理

028　低卡仙貝蝦鬆
030　威尼斯沙拉
031　繽紛涼拌山藥
032　和風馬鈴薯蛋沙拉
034　梅汁漬蕃茄
035　雙色涼拌西芹
036　醋溜馬鈴薯
037　拔絲地瓜條
038　香茅咖哩辣炒花枝
040　回鍋肉炒高麗菜
041　勁辣蒜味燒茄子
042　彩椒燴里肌
043　茄汁燴玉米蛋
044　松阪肉高麗菜卷
046　培根鑲雙冬
048　花椒嗆紫茄

PART 2

燉滷煮
一鍋好味道

052 馬鈴薯燉肉片
054 古早味白菜滷
055 蘿蔔泥鮭魚煮
056 西班牙總匯燉飯
058 客家冬瓜封肉
059 茄子滷雞翅
060 法式燉牛肉湯
062 紅玉昆布卷
063 芋頭杏鮑菇滷肉
064 義式燉菜
066 起司球咖哩鍋
068 海陸鮮卷燒
070 冬瓜泥香腸菜飯
071 山藥燉羊肉
072 蛤蜊奶油巧達湯
074 韓式泡菜豆腐鍋
076 羅宋湯
078 日式雞肉蕃茄煮
079 味噌什蔬魚湯
080 雙圓薑汁甜湯

PART 3

煎烤
香酥好滋味

084 蕃茄辣醬雞肉卷
086 歐式烘蛋
087 玉米蛋香煎餅
088 彩蔬海鮮大阪燒
090 奶油焗白菜,
092 火腿起司蕃茄盒
094 茄子田樂燒
095 海鮮蔬菜披薩
096 牧羊人派
098 薯片蕃茄千層派
099 烤什錦佐陳醋
101 鹹味芋頭酥餅
102 蔓越莓地瓜燒
103 南瓜西米烤布丁

吃得健康、安心的蔬菜料理！

在陸續寫了幾本料理書後，這次應該是讓我準備得最開心的一次。不由自主地回想起當年自己從開始拿起鍋鏟走入廚房做飯時的情景，菜如何煮，順序怎麼放，量如何拿捏，每每都像是在打戰一樣的手忙腳亂。若是因颱風時的菜價高漲，或者是盛產時期大量採收的蔬菜，季節變換時，常常都是好長的幾週裡，只有那幾樣蔬菜沒得挑選，買多或買少，想到就頭痛。或者是一陳不變的固定煮法，家人往往嘴裡嚷嚷，吃膩表情盡在眼臉，導致菜愈剩愈多，結論就是任那些食材躺在冰箱的一角變黃變質，最後不得不丟棄的心煩。這些都是媽媽們下廚時，多少會面對到的無力感啊！

這些年來因為愛吃、會吃、能煮，「料理」這件事已經是駕輕就熟，但是忙碌的生活，不知不覺也會因圖方便而外食，直到這幾年塑化風暴、瘦肉精、過期食品、禁用農藥等各項非法添加物，出現在平常我們都會吃到的食物中而擔憂？到底該怎麼吃，才能吃得安心、吃得健康呢？與其因噎廢食，還不如聰明吃。

這本《超省錢蔬菜料理》將教您如何運用常見的「耐放蔬菜」做出不同風味的多國料理，也可以利用剩菜再次變身成其他料理。我相信只要煮得好吃，家人就不再挑食了。再加上每天均衡搭配不同的蔬果、肉類，配合適量運動，少碰精製或非天然的零嘴、飲料，相信能讓身體自然而然代謝掉那些不確定的添加物質，也唯有在這樣正確的飲食習慣裡，才能在無形之中，讓健康不再遠離我們吧！

黃筱蓁

vegetables

蔬菜的
食樂好生活

認識蔬菜營養價值，學會挑選重點、保存方式、處理和清洗方法，讓農藥不殘留，將吃得安心又健康。

南瓜
pumpkin

◆ 營養價值

南瓜是所有瓜類含 β 胡蘿蔔素最多的食物，此外，微量的元素鉻、鎳能增加體內胰島素分泌而加強葡萄糖的代謝；元素鈷則有補血作用；可溶性纖維質不但有飽足感，更能幫助腸道蠕動，對於糖尿病或高血壓患者有很大的助益。其多樣及特殊的營養成分可增強身體的免疫力，有效防止動脈硬化，具有防癌、美膚和減肥的功效，在國際上已被視為保健蔬菜，將南瓜列為30種抗癌蔬果之一。

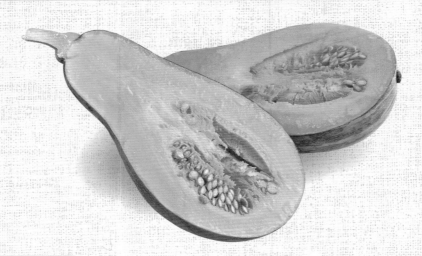

■ 挑選&保存重點

在選購上以形狀完整，表皮斑紋油亮且無蟲咬為佳。因為表皮堅實粗硬，整顆放在室溫陰涼處可以存放1個月之久，以報紙包好放入冰箱，則可再多放1星期，切開後剩餘的部分，可以使用保鮮膜封住表面，放入冰箱保存1星期，只要切面沒有變色或腐壞的狀況都可以放心料理。南瓜較不易有蟲害，故少用農藥，清洗時只需以菜瓜布刷洗表皮，就可以連皮食用。

切法舉例

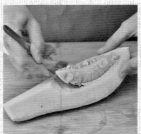 

南瓜皮以菜瓜布刷洗乾淨，切開後去籽，切塊。

山藥
chinese yam

芋頭
taro

◆營養價值

山藥又稱淮山、山芋，富含蛋白質、胺基酸及黏質多醣，在胃腸道內可以讓蛋白質和澱粉分解及吸收，活化T細胞及提高人體免疫力，是素食者攝取植物性蛋白質的最好選擇。

芋頭富含膳食纖維、鉀，能幫助消化，改善便秘、利尿，協助血壓下降功效；而且含澱粉、蛋白質，容易產生飽足感，富含營養。

芋頭

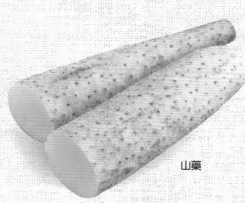

山藥

■ 挑選&保存重點

在選購山藥、芋頭時需留意表皮完整，沒有凹陷或軟爛現象為宜，未削皮、切開前可於室溫通風處存放至少1星期，若以報紙包裹放入冰箱，則適宜再多保存2星期。芋頭切塊後可以一次過油炸到表面上色，放涼後依需要量分裝於密封袋中，再放入冷凍庫冰存1個月，煮火鍋或燉滷肉時，方便隨時取用。

切法舉例

山藥去皮洗淨，切小塊。

芋頭去皮洗淨，切小塊。

地瓜
sweet potato
馬鈴薯
potato

◆營養價值

地瓜含有大量膳食纖維、維生素和微量元素，是排毒抗癌的保健蔬菜，地瓜皮含有豐富黏蛋白等多醣類物質，屬於「生理鹼性」食物。連同地瓜皮一起食用，有助於人體血液酸鹼平衡。高纖食物在腸道能吸收水分，促進排便，但也是高單位醣及澱粉類來源，容易導致血糖上升，糖尿病患者需注意食用量，且建議中午前食用，較容易被身體代謝。

馬鈴薯被營養學家稱為「十全十美」食物，研究指出每餐只吃全脂牛奶和馬鈴薯就能完全補充人體所需要的營養素，其營養成分的完整性，在高溫烹煮下也不易流失維生素C含量。

馬鈴薯

地瓜

■ 挑選&保存重點

切法舉例

選擇表皮平滑完整，沒有斑點，未被蟲蛀食或發芽為適宜。買回家後於常溫下保存2～3天，若以報紙包好放入冰箱，至少能再保存1～2星期，只要表皮芽眼處沒有發芽的情況下，都可以安心食用。

地瓜去皮洗淨，切條。

馬鈴薯去皮洗淨，切塊。

◆營養價值

小黃瓜富含維生素A、維生素B群、礦物質及膳食纖維等,比較特別的是它含水量極高,大量的丙醇二酸可以抑制糖類轉化為脂肪,能利尿、抗氧化和預防便秘,被視為減肥聖品。小黃瓜有美膚作用,切片後貼在臉上能消炎、美膚養顏。

小黃瓜
cucumber

■ 挑選&保存重點

新鮮的小黃瓜,瓜身挺直硬實,表面有微細小絨毛、尾端部位飽實不乾軟。所以可以用手觸摸,若表面仍有絨毛,長度在25公分以內,粗細如10元硬幣面積為佳。因為瓜身太長或太粗,內部的籽會比較粗且多而影響口感。表皮的色澤要深且不能有黃化現象,因為黃化表示過熟或不新鮮了。小黃瓜直接放入塑膠袋,收口封住後放入冰箱保存,可以保鮮5～10天,只要表皮沒有濕軟現象,都可以安心食用。

切法舉例

小黃瓜洗淨,切丁。

紅蘿蔔
carrot

白蘿蔔
daikon

◆營養價值

紅蘿蔔含豐富β胡蘿蔔素，經由人體吸收代謝後轉換為脂溶性維生素A。而維生素A是視網膜內感光色素的重要成分，人體若缺乏維生素A，容易眼睛疲勞乾澀，引發乾眼症或夜盲症；若影響造血功能，則有貧血、免疫力下降等問題。生食紅蘿蔔較不容易被消化，大部分會被排出體外，食用過量時容易造成色素沈澱於皮膚上，建議與含油脂肉類一起燉煮或熱炒為宜。

白蘿蔔含有糖化酵素和葉酸，糖化酵素能分解食物中的澱粉，能緩和豆類等易張氣食材所引起的不適感；葉酸可以增加鈣質吸收，同時也因為是填充性食材，容易讓人有飽足感。

紅蘿蔔

白蘿蔔

■ 挑選&保存重點

選購紅蘿蔔時以拿起來是沈重，即富含水分多為佳；白蘿蔔則可以用手指輕彈有清脆聲響，表示沒有空心的現象。若室溫低，放通風處3～5天尚能維持新鮮，夏天溫度高較容易產生表皮失水變皺或腐爛，最好的保存放式為，以報紙包裹好再放入冰箱，可保存至少2星期，只要蘿蔔表皮完整沒有軟爛發黑，皆能安心食用，若開始失水或局部濕軟，切除有問題的部分，剩餘的還能食用。

切法舉例

紅蘿蔔去皮洗淨，切片。

白蘿蔔去皮洗淨，切塊。

冬瓜
white gourd

◆營養價值

冬瓜除了含有大量水分外，亦富含蛋白質、醣類、維生素B和C，以及其他微量元素。根據中醫學記載，冬瓜能利尿、清熱、解毒及消水腫功效，而且屬性甘寒，建議搭配薑片一起烹調，可中和寒性，達到祛寒保暖的效果。

■ 挑選&保存重點

市面上大多以切片方式販售冬瓜，所以選購時以冬瓜切面的冬瓜籽飽滿，瓜肉白且多汁為佳，買回家後可以用保鮮膜包覆，放在冰箱冷藏保鮮5～10天，若切開面變棕色或濕軟，削除軟爛處後，其他部位仍然可以食用。

切法
舉例

冬瓜去籽、去皮後洗淨，切片。

高麗菜
cabbage

大白菜
chinese cabbage

◆營養價值

高麗菜含有豐富膳食纖維及維生素B群、維生素C及K等，而人體必需的微量元素含量高，名列蔬菜前五名，其中鈣含量比黃瓜和蕃茄多4～7倍，所含錳能促進體內新陳代謝，適合兒童在發育成長階段多食用，也是低熱量高纖維的減肥聖品。

大白菜富含維生維C、鉀、鎂及非水溶性膳食纖維，鉀元素能幫助排除多餘鈉，降低血壓及利尿的作用，鎂元素能促進鈣的吸收，維持心臟和血管健康。非水溶性膳食纖維可促進腸道蠕動，幫助消化及排毒。

大白菜

高麗菜

■ 挑選&保存重點

挑選時需注意外部葉片是否翠綠含水，完整卻不枯黃，老硬或水傷腐爛等狀況，以沈甸較重者為佳，冬天可放室溫保存2～3天，但以報紙包覆後，放入冰箱可以延長1～2星期，若因久冰而葉片失水呈現乾枯、軟爛現象，可以試浸泡於清水裡10分鐘以上就能恢復大部分的青翠。但當葉片都已失水乾枯，其營養價值會下降且甜味盡失。

切法舉例

高麗菜洗淨，一開四後切除芯，切絲。

大白菜洗淨，對切後切除芯，切段。

◆營養價值

洋蔥又名蔥頭、球蔥、玉蔥,含有大量膳食纖維、鉀、鈣、鐵、維生素A和C,是低熱量食物,生食可降低血糖與血脂,多吃亦能預防骨質流失等優點。若因生食容易脹氣,可以將2個洋蔥與1瓶紅酒一起浸泡5～7天,每天30cc也有不錯的效果。切洋蔥時,眼睛易流眼淚,是因為其組織破壞所釋放出蒜胺酸酶物質與硫化合物作用,轉變成化學物質的氣體而刺激眼睛的神經末稍所造成的。只要將洋蔥放入熱水浸泡幾分鐘,或刀子過水再切洋蔥,都能減輕此情況。

洋蔥
onion

■ 挑選&保存重點

切法舉例

選購洋蔥時多留意頭部及表面需光滑乾燥為佳。用力壓表面,若是紮實則比較新鮮。放在通風陰涼處保存10～30天,只要表皮摸起來變軟或出水,則去除變質的部分後放入冰箱保存。若為切開的洋蔥,則需以保鮮膜包覆後再放入冰箱,盡量不與蛋同時保存(或以密封盒隔絕保存),因為刺激的氣味容易滲入蛋殼氣孔中,而造成蛋變質變味。

洋蔥去皮洗淨,切絲。

茄子
eggplant

◆營養價值

茄子在早期有「長壽蔬菜」之稱，而且專門提供給皇家貴族食用，一般尋常老百姓可是吃不到的。因為茄子裡的維生素P含量高，除了可以保護維生素C不被含銅酵素氧化，而能使細胞消化吸收外，還可有效軟化血管，增強毛細血管的彈性及滲透性，進而增加對疾病的抵抗力。茄子表皮含有的抗自由基多酚類化合物和花青素，可以避免膽固醇被氧化，進而降低動脈粥狀硬化，對於血管有很大助益。在美國醫學研究指出，茄子為降低膽固醇食物中，榮居推薦榜首。

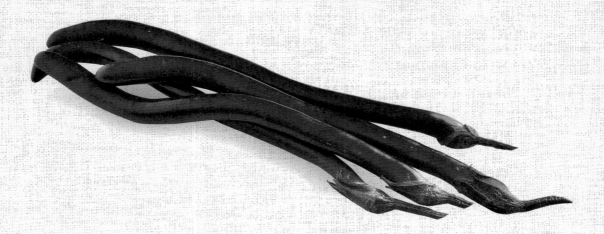

■ 挑選&保存重點

選購時注意表皮顏色需亮麗有光澤，外型平整光滑，柔軟有彈性為佳。尚未切開或清洗的茄子可以用塑膠袋包好，放入冰箱保鮮約5～7天，注意不要擠壓以免變質腐爛，只要表面失水開始有皺折即盡快料理食用。

切法舉例

茄子去蒂頭後洗淨，切段。

◆營養價值

甜椒屬於黃綠色蔬菜，富含β胡蘿蔔素、維生素C及辣椒素，具有抗氧化及提升免疫力功能，而辣椒素可以幫助溶解凝血，有止痛作用，另一個成分松烯，則是甜椒味道特殊的原因，具有抑制癌症功效。

蕃茄含有豐富蕃茄紅素，不會因為高溫烹調而流失營養，反而更容易被身體吸收，即便是加工過的蕃茄汁或蕃茄醬也具有營養素。根據研究指出，地中海西西里人較長壽的原因和長期食用蕃茄有關。

甜椒
bell pepper
蕃茄
tomato

蕃茄

甜椒

■ 挑選&保存重點

以表皮色澤鮮豔光滑、果蒂新鮮、無腐壞枯黃者為佳，用塑膠袋包覆後再放入冰箱，可以保鮮7~10天，只要表面沒有變黑軟爛，皆能安心食用。

切法舉例

甜椒洗淨後，去蒂頭和籽，切絲。

蕃茄洗淨去蒂，切角塊。

玉米
corn

◆ 營養價值

玉米富含大量碳水化合物、膳食纖維、蛋白質、β胡蘿蔔、核黃素等，含量為稻米、小麥5～10倍，其中黃體素、玉米黃質可以預防老年黃斑性病變產生，增強眼睛抗老化功能，膳食纖維可以改善便秘，是營養價值高的甜味蔬菜。

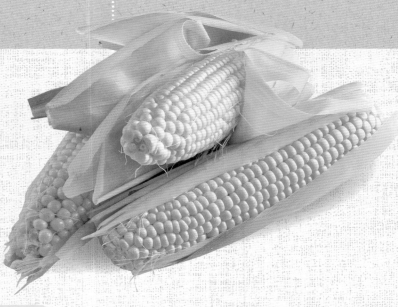

■ 挑選&保存重點

挑選果粒飽滿，沒有乾枯凹陷為佳。保存時則留下少量玉米外皮包覆著玉米，再以塑膠袋裝好，放入冰箱可以保鮮1星期，但若全部剝除外皮的玉米，將只能保鮮3天左右。

切法舉例

玉米洗淨，切段或以刀子削下玉米粒。

◆營養價值

西洋芹經常被視為美容減肥聖品，不外乎其高纖維質可以幫助腸胃蠕動及排除宿便，維生素C亦有助於肌膚美白和防皺的功效，豐富的鉀離子更能安定神經，助眠及維持身體酸鹼平衡的功能，β胡蘿蔔可提高人體免疫力。

西洋芹
celery

■ 挑選&保存重點

以植株硬挺結實，青翠綠葉為挑選原則，未食用的部分可以用沾濕的廚房紙巾包裹根部，再放入塑膠袋包裹完整，放入冰箱可以保鮮1～2星期，記得每次取用後需再補充濕紙巾的水分。

切法舉例

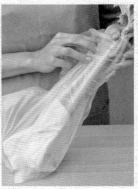

西洋芹洗淨；以小刀除去外側較粗的纖維，切段或切小丁。

四季豆
string bean

◆營養價值

四季豆含有維生素B1和B2、礦物質及膳食纖維,所含可溶性纖維量比芹菜還高,是蔬菜中的「高纖一族」。因為沒有特別氣味與口感,煮熟後小朋友的接受度較高,攪打成泥後非常適合做為寶寶的副食品。

■ 挑選&保存重點

要享受四季豆的清甜味,只需以塑膠袋包好放入冰箱,約可保鮮1星期。也因為四季豆不易走味,可以在洗淨處理後,放入滾水裡煮熟,放涼後分裝於密封袋,再放置冰箱冰涼,做成沙拉配料,或加入適量蒜末、紅蘿蔔絲混合拌勻即可食用。

切法
舉例

四季豆洗淨表面,去除豆莢頭尾,順手撕除豆莢筋,用手折成小段。

◆營養價值

杏鮑菇含有蛋白質、胺基酸、礦物質及維生素等多種營養成分,其穀胺酸、寡醣能強化身體免疫防禦機制,加上低脂肪、低膽固醇及低熱量,容易被人體吸收但又不會發胖,是很好的天然健康養生食物。

杏鮑菇
mushroom

■ 挑選&保存重點

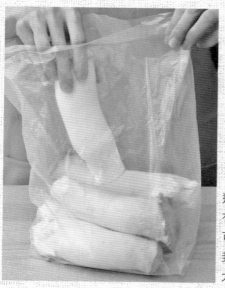

切法舉例

選購時以色澤乳白,沒有菇柄粗大乾燥為宜,可裝入塑膠袋中,袋口封緊後放入冰箱保存,大約可存放5〜7天。

杏鮑菇洗淨,切角塊。

農藥不殘留，吃得更安心！

■ 清洗蔬菜的基本方法

近年來大家為了家人和自己的身體健康，在飲食習慣上有了重大改變，「每日五蔬果」不再是一句口號，而是落實在日常生活裡，故紛紛開始重視每餐均衡飲食原則。相信我們對於市售蔬果所含農藥殘留難免有所疑慮，雖然衛生單位依據不同的蔬果訂定了「安全採收期」及「最高殘留容許量」的檢驗認証標準，即便如此，仍不時有非法使用及農藥殘留問題發生，那該如何清洗才能吃得比較安心呢？這裡將提供基本步驟供你參考，以下，再依據不同種類的蔬菜提供更適合的清洗方法做為參考。

1 以清水局部沖洗蔬菜根部或表面，去除泥沙或表面灰塵。
2 先以手或菜刀去除根、莖、蒂的部位。
3 放入大盆子中，用清水浸泡約10分鐘。
4 烹調前以過濾水或開水沖過一次即可。

大量清水沖洗去除農藥

當蔬果切開後浸泡清洗，如此反而容易破壞維生素營養，更不會減少農藥殘留；也不建議加鹽浸泡或使用市售蔬果清潔劑及臭氧機，因為已有不少研究報告指出這類清洗方式，反而容易因化學變化而產生反效果，所以建議還是以大量清水沖洗為宜。

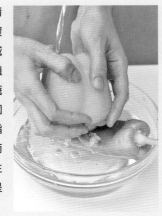

包葉菜類　高麗菜、大白菜

先去除較老的外葉，再以清水沖洗蒂頭及在剝除時沾附的灰塵，切下所需食用量，以清水浸泡至少10分鐘，最後再依需要烹調的方式如剝片或切塊，以過濾水或清水沖過一次即可。

根莖菜類　地瓜、芋頭、山藥、洋蔥、紅蘿蔔、白蘿蔔

可以用海棉布和清水先刷洗表皮後，再以削皮刀削除表皮，以過濾水或清水沖過一次即可切成所需大小。

瓜果菜類　南瓜、冬瓜

可以用海綿布和清水先刷洗表皮後，以菜刀切除表皮後，以過濾水或清水沖過一次即可切成所需大小。南瓜因為表皮連接果肉的部分營養含量最多，可以再用軟刷仔細刷洗表皮凹陷部位，再連皮一起食用。

採收期長蔬菜類　四季豆、小黃瓜、玉米、茄子

由於採收期長，農家通常會持續噴灑農藥以預防未成熟的瓜果遭受蟲害，所以農藥殘留機率較高，最好是沖洗表面至乾淨，以清水浸泡10～20分鐘後，再依需要烹調的方式（如：剝片或切塊），以過濾水或清水沖過一次即可。

不需去皮蔬菜類　蕃茄、西洋芹、甜椒、青椒、西洋芹、杏鮑菇

先以清水沖洗表面灰塵，清水浸泡10~20分鐘後，以手仔細清洗表皮，若有凹陷部位，則可以軟刷仔細清洗乾淨，再依需要烹調的方式切塊，以過濾水或清水沖過一次即可，但是蕃茄切塊後不適合再沖洗。

蔬菜處理和分裝原則

特殊用途需要保留蔬菜完整性而不立即分切外，例如：高麗菜卷需要整個葉片，或冬瓜封肉需要大片或大塊，或去皮切開後會因氧化變色（如：茄子、馬鈴薯），容易腐壞（如：蕃茄）。通常可以在買回家後隨即洗淨處理，再依需要切片、切塊，以密封袋或密封盒分裝，在每次準備餐點時將會更方便取用，隨之快速完成料理。

善用鍋具，省時又省力！

烤箱

無油煙烹調的烤箱是料理的好幫手，建議選擇可以調整上、下火裝置者為佳，無論烘焙點心或做焗烤類都非常方便且受熱上色均勻。盡可能不與烤肉或海鮮類共用同一臺烤箱，因為這些食材烤過的味道較重，油汁容易殘留在烤箱裡，較容易影響點心類的美味度。另外建議可以在烤盤底部鋪上鋁箔紙，若焗烤披薩或西式紅、白醬類的菜餚過程中不小心有湯汁溢出，只要更換新的鋁箔紙，即能維持烤箱的清潔度。

電鍋

在微波爐對人體有少量微害的報導出現後，這個老實不花俏的電鍋，不論在蒸煮、滷肉、燉雞湯上，只要將食材準備好，放入鍋裡按下開始鍵，就能開始準備其他食材，在開關跳起後再燜一段時間，輕鬆調味就能端上桌，著實讓人放心的好幫手。

不沾平底鍋

一般炒鍋需以大火熱鍋後才開始烹調食材，油溫不夠就容易沾黏、焦鍋或煮糊了，更別提高溫引起的沙拉油變質或大量油煙所造成的身體不適。而不沾鍋是下廚者的最佳幫手，只要正確使用，煎魚或炒肉皆能輕鬆完成，且可減少料理油使用量。

因為經常性使用多少會造成表面塗層效果減少或出現刮痕，建議選擇有認證的廠商所製作之產品為宜。雖然有許多人會疑慮不沾平底鍋的安全性，但只要平常使用方式正確將能得心應手，例如：不以大火乾燒鍋子；在烹煮時以廚房紙巾擦拭剛煮好的鍋子，而不以冷水沖洗；若需清潔則以柔軟的海綿清洗鍋子內部，再以紙巾拭乾倒扣即可。記住以冷鍋、放油、中小火加熱、烹煮食材就能安心使用。

燉煮鍋

建議挑選鈦合金鐵鑄鍋或陶製砂鍋燉煮為佳。鈦合金鐵鑄鍋導熱效果較快，容易清洗及使用，常用於中式三杯類料理或西式煎燉類；陶製砂鍋適合耐高溫及長時間烹煮，保溫效果是燉鍋中最理想的，經常使用於煲湯、煮飯、火鍋或西式燉肉燉菜等。

需要注意的是，因為陶製砂鍋都有毛細孔，在使用前一定要遵照使用說明書所列注意事項操作。溫度急遽變化容易造成鍋子材質損壞，所以養鍋不易是砂鍋較少被使用的原因，也因為如此，越是陳年的老砂鍋越能燉煮出其不同於其他鍋子才有的特殊美味，這也是它最吸引人的價值。

stir-fry · steam

涼拌炒蒸
低卡料裡

透過快速翻炒，水煮汆燙、無油煙清蒸，淋
上獨特醬汁，省時省力且滿足味蕾的不發胖
料理。

低卡仙貝蝦鬆

在作法5拌炒蝦鬆餡時，可於起鍋
前加入少許柴魚片增加風味。

Ingredient （4人份）

材 料

A
洋蔥......1/3個(85g)
西洋芹......1支(70g)
山藥......1/6條(150g)
杏鮑菇......1/2支(60g)
紅甜椒......1/4個(60g)
B
蝦仁......20尾(500g)
市售大仙貝酥......12片

調 味 料

A
沙拉油......1大匙
白胡椒粉......1/4小匙
B
醬油......1大匙
鹽......1/2小匙

Cooking

1. 將材料A分別洗淨，切細丁備用

2. 蝦仁去泥腸，洗淨後先對切剖半，再切小丁；取4片市售大仙貝酥輕壓成小碎塊，備用。

3. 取一不沾鍋，以小火加熱，加入沙拉油和蝦仁丁拌炒約30秒至半熟，取出倒入盤子。

4. 將不沾鍋繼續以中火加熱，倒入洋蔥丁拌炒1分鐘待香味出來且熟軟（圖1），依序放入其他材料A，續拌炒均勻，再加入調味料B拌炒均勻（圖2）。

5. 最後加入蝦仁丁及白胡椒粉炒勻即可熄火，撒上仙貝酥碎快速翻拌均勻即為蝦鬆餡（圖3），盛入盤中備用。

6. 取適量蝦鬆餡盛入大仙貝酥中（共8份）即可食用。

料 理 t i p s

＊一般蝦鬆餡均以冬粉及油條做為吸附湯汁，形成鬆酥乾香的口感，建議也可用零嘴代替（如：科學麵、蘇打餅乾），可以變化出不同口味的新吃法。

＊大仙貝酥可到超市餅乾區購買，造型似碗狀適合裝盛餡料，且脆脆帶點海鮮味，可創造出不凡的滋味。

威尼斯沙拉

冷壓橄欖油為純橄欖油，適合用在生菜沙拉醬裡或沾麵包就直接食用。

Ingredient （4人份）

材料

四季豆200g・美生菜1個(300g)・
蕃茄2個(300g)・洋蔥1/5個(50g)・
罐頭黑橄欖35g・水煮鮪魚罐頭
1/2罐・罐頭鯷魚1片

調味料

檸檬汁2大匙・義大利黑醋4大
匙・冷壓橄欖油4大匙

Cooking

1　四季豆洗淨表面，去除豆筴頭尾，順手撕除豆筴筋，切兩
　　刀成3段，放入滾水汆燙1分鐘，取出放入有冰塊的開水中
　　備用。

2　蕃茄、生菜洗淨切小塊，放入冰塊水裡冰鎮備用。

3　洋蔥、鯷魚分別切細碎，分別加入檸檬汁、義大利黑醋及
　　橄欖油充分拌勻，即為沙拉醬。

4　將生菜瀝乾水分放置於大盤上，蕃茄切片排列於生菜上，
　　再放入四季豆、黑橄欖後，淋上沙拉醬，最後將鮪魚肉放
　　於沙拉上即完成。

料理 tips

＊四季豆汆燙後泡入冰水中，可維
持色澤翠綠和脆度。

＊四季豆亦稱菜豆，挑選時以豆筴
飽滿、肥碩多汁為宜。在處理後可
以汆燙冰鎮，分裝每次所需的數量
於調理袋，約冷藏保存3天或冷凍
保存2星期，無論是拌炒肉絲或煮
菜湯，都可以使用到。

繽紛涼拌山藥

醬汁可購買市售和風沙拉醬,再擠少許檸檬汁拌勻,是最方便的料理方式。

Ingredient (4人份)

材料

山藥1/2條400g · 紅甜椒1/2個
(120g) · 黃甜椒1/2個(120g) ·
小黃瓜1/2條(40g)

調味料

冷壓橄欖油5大匙 · 醬油3大
匙 · 白醋1大匙 · 海苔粉1/2小
匙 · 山葵醬1/2小匙

Cooking

1 山藥去皮,以冷開水洗淨
表面,放入冰水裡冰鎮;
調味料充分拌勻為醬汁,
備用。

2 紅甜椒、黃甜椒、小黃瓜
洗淨表面並去籽,切細
絲,過冰水冰鎮數秒,取
出瀝乾水分,放於盤子。

3 取出冰鎮的山藥,以紙巾
擦乾表面,切薄片後再切
細絲,再排入作法2盤中,
淋上醬汁即可食用。

料理 tips

＊山葵醬和山藥非常速配,這道醬
汁是日式和風醬的變化版,基本上
適用於各種沙拉食材上,可以一次
多做些後裝入容器,放入冰箱冷藏
(賞味期限為10天)。

和風馬鈴薯蛋沙拉

馬鈴薯可留部分不壓泥而改切小丁，
能保留口感。

Ingredient （4人份）

材料

紅蘿蔔	1/2條(150g)
苜蓿芽	1盒(150g)
玉米	1支(220g)
馬鈴薯	2個(550g)
地瓜	1條(250g)
蛋	2個
火腿片	2片(30g)

調味料

A

美乃滋	100g
細砂糖	1小匙
鹽	1/4小匙

B

和風沙拉醬	3大匙
檸檬汁	少許

料理 tips

＊馬鈴薯沙拉裝入玻璃容器，放於冰箱冷藏可以保存3天，也能塗在吐司當作早餐或點心，依個人喜好再擠上少許蕃茄醬或芥末醬，變化出不同風味。

＊和風沙拉醬作法可以參考「繽紛涼拌山藥」製作，可省略檸檬汁份量。

Cooking

1　紅蘿蔔去皮後洗淨，取1/3份量刨成絲；苜蓿芽洗淨，與紅蘿蔔絲泡冰水，剩餘2/3份量紅蘿蔔切成小丁；玉米洗淨，切小段；蛋表面洗過，備用。

2　將馬鈴薯、地瓜用菜瓜布刷洗外皮，放入鍋中，加入2000cc水及1/2小匙鹽（完全蓋過食材的量），以大火加熱煮滾，轉微小火先煮20分鐘，再加入蛋、玉米及紅蘿蔔丁續煮15分鐘（圖1）。

3　取出已熟的蛋和玉米過冷水，同時以竹筷插入馬鈴薯，若能輕易穿透，即表示熟透可熄火。

4　取出馬鈴薯及地瓜放入大碗中，其他食材濾除水分後放涼。以竹筷趁熱剝除馬鈴薯及地瓜的外皮，並用飯匙壓散成泥後放涼（圖2）。

5　玉米切下呈粒；水煮蛋去殼後切小丁；火腿片切小丁，放入已放涼的馬鈴薯泥中，再加入美乃滋、細砂糖及鹽拌勻即為馬鈴薯沙拉（圖3）。

6　將冰鎮過的苜蓿芽和紅蘿蔔絲瀝乾，平鋪於盤底或高腳杯，放上馬鈴薯沙拉，淋上適量和風沙拉醬，滴上檸檬汁增加風味即完成。

梅汁漬蕃茄

市面上白話梅因鹹度有所不同,故添加調味料,可視情況調整鹽或糖水份量。

料理tips

＊蕃茄是否去皮可以個人喜好處理,而汆燙去皮可使果肉口感較鬆軟細緻,也可以聖女蕃茄替代。

＊梅子醋是為了添加梅香和酸味,亦可使用其他水果醋替代(如:蘋果醋、檸檬醋),但白醋不適合。

＊若剛好有剩下的梅子粉,可以酌量放入1小匙,讓口感更濃厚甘醇。

Ingredient （4人份）

材 料

蕃茄5個(750g)・海帶絲120g

調 味 料

白話梅10個・熱開水120cc・細砂糖50g・梅子醋120cc・鹽適量

Cooking

1　蕃茄洗淨去蒂,於底部劃十字線;海帶絲洗淨切小段,備用。

2　將白話梅、細砂糖放入熱開水中,泡開後放涼。

3　取一小鍋水煮滾,放入蕃茄與海帶絲汆燙約45秒後熄火,先取出蕃茄,放入冷開水中降溫,以筷子剝除蕃茄皮,再濾出海帶絲後放涼備用。

4　將去皮的蕃茄各切6等份,與海帶絲一起放入涼透的話梅汁中,加入梅子醋一起浸漬1小時入味即可食用。

雙色涼拌西芹

西洋芹的根部因纖維質較粗，以削皮刀刨除表皮，增加口感嫩度。

Ingredient （4人份）

材 料

西洋芹6支(420g)·
黃甜椒1/4個(60g)·
蕃茄1個(150g)·蒜
末1/2大匙

調 味 料

A 黃芥末醬3大匙·
   蜂蜜1大匙·細砂糖2小匙
B 鹽1/4小匙·蕃茄醬1小匙·
   香油1/4小匙
C 鹽1/2小匙

Cooking

1 西洋芹洗淨，以小刀除去外側較粗的纖維，切細條，與調
   味料C一起放入塑膠袋左右晃動，稍微搓揉，讓西洋芹充
   分沾上鹽後出水，以去除澀味，待10分鐘即可濾出水分，
   先試一下口味，若太鹹則先過一次冷開水。

2 將醃漬過的西洋芹分成兩份，一份放置於乾淨的容器內，
   另一份放在盤子上備用。

3 將調味料A充分拌勻即為芥末蜂蜜醬，再與西洋芹攪拌均
   勻即完成。

4 蕃茄洗淨去蒂，切細丁，與蒜末、調味料B拌勻即為蒜味
   蕃茄醬，淋於作法2盤子的西洋芹即可食用。

料 理 tips

＊以鹽去除西洋芹澀味可
以保持清脆多汁，而且
保存至第3天口感也不會
變，另外一種方式是用滾
水汆燙20秒，取出後過冰
水，再用少量鹽調味，但
因汆燙過的西洋芹至第2
天較易出水，醬汁會因此
而被稀釋。

醋溜馬鈴薯

在作法3中可加入醃漬過的肉絲一起拌炒，就是簡易的馬鈴薯炒肉絲。

Ingredient （4人份）

材料

馬鈴薯2個(550g)・蔥1支・辣椒1
支(大)

調味料

白醋5大匙・米酒1大匙・細砂糖
1/4小匙・鹽3/4小匙

Cooking

1　蔥、辣椒洗淨，切細絲備用。

2　馬鈴薯洗淨去皮，切厚度0.5公分條狀，以清
　水沖洗一次，加入蓋過馬鈴薯的水量浸泡10分
　鐘，再以清水沖洗數次，直到水不會混濁即可
　瀝乾待用。

3　起油鍋，放入蔥絲及辣椒絲爆香，加入馬鈴
　薯，轉大火充分拌炒均勻，再加入所有調味料
　拌炒均勻約1分鐘即可熄火。

料理 tips

＊馬鈴薯浸泡水中時可加入1.5大匙的
白醋，防止其氧化顏色變黃。若不嗜
白醋偏酸口味，可以刪除調味料中白
醋份量。

＊馬鈴薯條清洗數次目的是將澱粉質
洗去，較能炒出清脆口感，所以只要
炒料拌勻就可以起鍋，若煮過頭會整
個糊掉而影響口感。

拔絲地瓜條

地瓜可以同份量芋頭或南瓜替代，做成拔絲的口感亦美味。

Ingredient （3人份）

材料

地瓜2條(500g)

調味料

沙拉油2大匙 · 二砂糖3大匙 · 白色麥芽糖3大匙 · 鹽1/4小匙

Cooking

1 地瓜洗淨去皮，切成厚度1公分條狀備用。

2 取適量油倒入不沾鍋，以中火加熱至160℃（竹筷放入鍋中會有小泡泡產生），放入地瓜條炸約4分鐘，再轉大火續炸30秒至表面金黃色，取出後放在吸油紙上備用。

3 將調味料放入不沾鍋內，以微小火加熱拌炒，糖開始融化時泡泡較大，接下來會慢慢變細緻，約2分鐘糖漿顏色開始變深色且濃稠即離火。

4 加入炸好的地瓜條，放回爐火上續拌炒均勻，確定糖漿均勻沾附後再關火。

料理tips

＊初學者一開始學這道料理，最容易失敗的地方在於如何將糖漿均勻裹覆於地瓜條上。在煮糖漿過程中，溫度上升時糖漿容易焦黑，放涼也會較硬，所以建議使用白色麥芽糖質地較軟，並以微小火熬煮，再倒入所有的地瓜條拌勻為佳。

＊油炸地瓜條過程需不停翻動，以免接近鍋底的地瓜炸過頭而變焦黑。

香茅咖哩辣炒花枝

辣椒最後加入是為了降低辣度，
喜歡辣一點，可與洋蔥一起入鍋爆香。

Ingredient （4人份）

材料

A

花枝......1隻(500g)
蕃茄......1個(150g)
西洋芹......1支(70g)
小黃瓜......1條(80g)
辣椒......1支(大)

B

蒜頭......2瓣(15g)
洋蔥......1/3個(85g)
新鮮香茅......1大匙

調味料

A

米酒......1.5大匙
咖哩粉......1大匙
細砂糖......1小匙
泰式辣椒醬......2大匙

B

鹽......1/4小匙

料理 tips

＊剛買回來的新鮮香茅先去掉最外兩層葉片，洗淨後，將莖部拍扁，切成薄片，直到切的部位較硬即可停止，剩下較粗部位可以將其剪成小段，放在室內除臭，或者加入熱水裡搓揉，讓油脂滲入水中，淡淡的檸檬香，浸泡時可以舒緩筋骨，保健養身。

Cooking

1　花枝洗淨後剝去外皮，清除內臟黏膜，以紙巾擦乾水分，在內側部分用刀斜紋交叉劃十字刻花（圖1），再切小段備用（圖2）。

2　洋蔥去皮切粗絲；蕃茄洗淨去蒂，切角塊；西洋芹洗淨，以小刀除去外側較粗的纖維，切粗條；小黃瓜洗淨，切段後切粗條；蒜頭去皮切片；辣椒洗淨斜切薄片；香茅洗淨切碎，備用。

3　起油鍋，放入材料B（圖3），待香味出來後，加入花枝、西洋芹、小黃瓜一起拌炒數下，加入調味料A充分炒勻（圖4）。

4　再放入蕃茄塊、辣椒片繼續炒勻約10秒，加入鹽調味即可熄火。

回鍋肉炒高麗菜

五花肉先入鍋煎香，會將其油脂逼出，肉片即產生香酥口感，
之後料理程序可減少沙拉油使用量。

料理 tips

＊在處理高麗菜時加入鹽稍微醃漬的動作，即
為縮短拌炒時間讓高麗菜熟透時，仍保有清脆
口感。若少了這道程序，可以在加入高麗菜
時，同時加入3大匙開水，蓋上鍋蓋燜煮3～5
分鐘，即可利用空檔時間準備其他食材。

Ingredient （4人份）

材料

五花肉300g・豆乾3片(60g)・高麗菜1/3個
(280g)・紅蘿蔔1/6條(50g)・蔥1支・蒜頭3
瓣(20g)

調味料

鹽1小匙・沙拉油1小匙・豆瓣醬1大匙・
醬油1大匙・米酒1大匙・白胡椒粉少許

Cooking

1　高麗菜洗淨，以手剝小片約3～4公分大
　小，瀝乾水分，放入塑膠袋，加入鹽，
　抓緊袋口旋轉封住，使袋子裡面有些許
　空氣，再左右搖動讓鹽滲入高麗菜，靜
　置約1分鐘。

2　紅蘿蔔去皮洗淨，切細絲；蔥洗淨後切
　小段，蔥白和蔥綠分開放；蒜頭去皮切
　碎；豆乾橫剖成兩片薄片，再斜切成四
　片；五花肉切厚度0.2公分薄片，備用。

3　將肉片放入不沾鍋，以中火加熱，加入
　沙拉油煎至表面微焦黃色後翻面續煎，
　再加入沙拉油、豆乾片一起煎酥黃。

4　再倒入豆瓣醬、蒜頭和蔥白爆香約30
　秒，加入紅蘿蔔片及瀝除水分的高麗
　菜，大火拌炒約20秒，以醬油、米酒調
　味，繼續拌炒20秒讓高麗菜上色。

5　最後加入蔥綠、白胡椒粉提味，翻炒約
　30秒即可熄火。

勁辣蒜味燒茄子

透過油炸程序的茄子，能在很短的時間內封住茄子本身甜味，並使表皮油亮好看。

Ingredient （4人份）

材 料

茄子3條(600g)・蔥1支・九層塔10g・辣椒1支(大)・蒜末1.5大匙

調 味 料

A 豆瓣醬1大匙

B 醬油膏2大匙・細砂糖1小匙・鹽1/8小匙・高湯120cc

Cooking

1 茄子洗淨，切長3公分小段；蔥洗淨切末；九層塔洗淨切碎；辣椒洗淨切細絲，備用。

2 取2碗油（約400cc）倒入鍋中，以大火加熱約30秒至油溫180℃（鍋子邊緣開始冒煙），放入茄子後轉中火，炸約2分鐘至茄子鬆軟，再轉大火逼油後濾出熟透的茄子備用。

3 以小火加熱不沾鍋，放入豆瓣醬、蒜末爆香後轉中火，加入調味料B及茄子一起翻炒1分鐘，待湯汁快收乾時，再加入蔥末、九層塔碎和辣椒絲炒勻即可熄火。

料 理 t i p s

＊可以先準備濾勺架放在乾燥的鍋子上頭備用（方便將炸好的茄子瀝除沙拉油），並在油炸過程中，以竹筷翻動茄子，使其均勻受熱。

＊油炸時若發現茄子皆變軟時，立刻轉大火加熱5秒再熄火（大火加熱可以逼出油炸時吸附的油量），再倒在濾勺中瀝出熟透的茄子，而炸茄子的鍋子則可用來爆香作法3的豆瓣醬及蒜末。

彩椒燴里肌

添加太白粉可以保留住肉片的軟嫩度，還能省略翻炒時另準備太白粉水的麻煩。

Ingredient （4人份）

材料

A 里肌肉片250g・杏鮑菇1/2支(60g)・洋蔥
1/3個(85g)・蒜末1小匙

B 紅甜椒1/2個(120g)・黃甜椒1/2個(120g)・
青椒1/2個(120g)

調味料

A 蒜末1/4小匙・醬油1大匙・米酒1小
匙・沙茶醬1小匙

B 太白粉1大匙・高湯120cc・鹽1/4小匙

料理 tips

＊準備食材時，可順手
將醃肉調味料A一起拌
勻，節省料理時間。

＊肉片放入炒鍋時，需
一片一片攤開，讓裹粉
遇熱後與水變成縴汁的
同時能均勻散開而不會
結成團。

＊里肌肉片可以換成牛
肉片或雞肉片。

Cooking

1 材料B所有甜椒表皮洗淨，去籽後切塊；杏鮑菇洗淨切片；洋蔥去皮切塊，備用。

2 將里肌肉放入大碗，依序加入調味料A充分拌勻，再加入太白粉抓勻備用。

3 起油鍋，放入蒜末、洋蔥爆香，加入全部甜椒塊拌炒均勻，加入杏鮑菇及高湯續煮
1分鐘。

4 再取里肌肉片一片一片攤開放入炒鍋後翻炒，加入鹽調味，待湯汁滾且肉片熟透，
湯汁收微乾後即可熄火。

茄汁燴玉米蛋

義式香料粉又稱義大利綜合香料，內容物為皮薩草、羅勒葉、迷迭香等，可到超市或量販店購買。

Ingredient （3人份）

材 料

蛋5個 · 玉米1/2支(110g) · 蕃茄1個 (150g)

調 味 料

A　太白粉2大匙 · 義式 香料粉1/8小匙 · 無鹽 奶油15g

B　高湯120cc · 蕃茄醬1大匙 · 鹽1/8小匙

Cooking

1　蛋表面洗淨後放入鍋中，加1500cc水及1/4小 匙的鹽（水量需完全蓋過蛋），以大火加熱 煮滾，加入玉米及蕃茄汆燙約20秒，取出過 冷水，轉為小火續煮10分鐘即可熄火，撈出 煮熟的蛋過冷水。

2　太白粉與義式香料粉拌勻，平鋪於盤子即為 香料太白粉；蕃茄去皮切小丁；玉米切下玉 米粒，備用。

3　水煮蛋去殼後對切成4等份，每個切面部分平 均沾附薄薄的香料太白粉，蛋片依序放入不 沾鍋中。

4　再開小火加熱，並加入奶油，邊加熱邊轉動 不沾鍋讓融化的奶油能平均吸附於蛋片，待 表面上色，再以筷子翻至另一面續煎上色。

5　繼續加入蕃茄丁和玉米粒於作法4中，以手握 鍋把輕翻動鍋子，再加入高湯、蕃茄醬煮約 30秒待湯汁變濃稠，最後以鹽調味即完成。

料 理 t i p s

＊用刀子切水煮蛋時，容易將蛋白、蛋黃分散 開且不工整，建議使用釣魚線協助，以手指壓 在蛋的一端，另一隻手將線繞一圈交叉在一 起，輕輕一拉即可將蛋切對半，再用同樣方式 對切，就可以完成漂亮工整的蛋片。

松阪肉高麗菜卷

煮高麗菜卷的湯汁可以當高湯使用，或直
接當湯底，加入喜歡的火鍋配料變身為火鍋。

Ingredient （10卷）

材料

松阪豬肉......1片(400g)
高麗菜葉......5片(150g)

山藥......1/5條(200g)
杏鮑菇......1支(120g)
香菜葉......20g

調味料

A

胡椒鹽......1小匙
乾昆布......1/2條(25g)
水......700cc
鹽......1小匙

B

細砂糖......1小匙
熱水......50cc
蔥花......1大匙
蒜泥......1小匙

薑泥......1小匙
韓式辣醬......1.5大匙
醬油膏......1.5大匙

♨ Cooking

1 高麗菜葉洗淨,整片放入滾水中汆燙1分鐘,取出後過冷水,放涼;山藥去皮洗淨,杏鮑菇洗淨,各切成10等份;香菜葉洗淨,備用。

2 松阪豬肉平均切成10等份的粗條,加入胡椒鹽抓勻醃漬;調味料B充分拌勻即為香辣醬,備用。

3 將放涼的高麗菜葉,以刀子順著菜梗切下二側的葉片,鋪平,中間放上豬肉條、山藥條、杏鮑菇條及1根香菜葉(圖1),折起一邊的高麗菜葉包覆住餡料(圖2),再包捲成卷狀(圖3),封口朝下排列於盤子,再繼續完成其他材料包捲動作。

4 以水沖洗乾昆布,去除表面雜質後放入鍋中,加入水,以小火煮滾,放入高麗菜卷(圖4),待水再次煮滾,轉微小火續煮約15分鐘至熟,取出高麗菜卷盛盤,沾香辣醬一起食用即可。

料理tips

＊切下的高麗菜梗可以使用密封袋保存,料理「羅宋湯」時即可加入一起燉煮。

＊可將高麗菜卷放入「義式燉菜」中燉煮;或以「花椒嗆茄」裡的椒麻醬替換香辣醬,做為沾醬的變化。

＊乾昆布表面佈滿白霜是其甘甜好吃的因素,所以在使用前,先以清水沖去表面雜質(不刷洗表面白霜),直接放入要烹煮的水中泡軟就好,忌過度沖洗,以免昆布的美味流失。

培根鑲雙冬

培根可以用鹹豬肉片或火腿片替換，
並在煮縴汁時留意鹹度的調整即可。

Ingredient （4人份）

材料

冬瓜......450g
培根......250g
乾香菇......5朵(大，50g)
紅蘿蔔......1/2條(150g)
干貝......5個(20g)

調味料

A
高湯......160cc
鹽......1/4小匙
香油......少許
B
太白粉......1.5小匙
水......30cc

料理 tips

＊蒸冬瓜的盤子會留下湯汁，在煮干貝高湯時，可以一起倒入煮滾當縴汁。

Cooking

1　乾香菇洗淨，泡水約30分鐘至軟，取出後稍微擠乾水分，剪除梗，斜刀對切成厚片備用。

2　冬瓜去籽、去皮後洗淨，切厚度2公分片狀；培根切片（大小與冬瓜塊接近）；紅蘿蔔去皮洗淨，切薄片（大小與冬瓜塊接近），備用。

3　取一深盤，以1片冬瓜、1片紅蘿蔔、1片香菇、1片培根的方式交錯，依盤形重疊排完所有材料（圖1、2）。

4　取一小碗裝高湯及干貝，放入電鍋裡，加入240cc水，按下開始鍵先蒸干貝，待電鍋邊緣開始冒出水蒸氣時，再將排好盤的鑲冬瓜片盤子疊放於干貝湯的小碗上，繼續蒸煮至開關跳起時，以隔熱手套取出蒸好的鑲冬瓜及干貝高湯備用。

5　取不沾鍋，以小火加熱，倒入干貝高湯，用湯匙壓平干貝成絲狀，加入鹽調味，倒入拌勻的太白粉水勾縴。

6　滴入香油煮滾即可熄火，淋於鑲冬瓜上（圖3）。

花椒嗆紫茄

拌炒花椒油材料時，需以小火不停
翻動，可避免焦黑產生苦味。

料理 tips

＊茄子在蒸的過程中，表皮顏色會較深
不討喜，這時候可以另外準備一鍋白醋
水（500cc水和1大匙白醋拌勻），刨開
茄子時立刻泡入白醋水中，可避免切開
面的茄子氧化變黑。

Ingredient （4人份）

材 料

A
茄子......3條(600g)
五花肉片......300g(長條)
蔥......1支
B
蒜末......2大匙
薑末......1大匙

調 味 料

A
辣油......3大匙
香油......2大匙
花椒粒......1大匙
乾辣椒......3支
B
醬油......5大匙
細砂糖......1大匙
白醋......1大匙
檸檬汁......2大匙
C
太白粉......1大匙
白胡椒粉......1小匙

酸辣的椒麻醬澆淋於蒸好的茄子卷,使茄子和五花肉滋味變得更融合。

🍲 Cooking

1　製作花椒油:調味料A中的花椒粒放入不沾鍋,以小火乾炒約2分鐘,當花椒香味釋出時即離火,倒入辣油及香油與花椒續加熱並拌炒均勻,油溫上升開始冒泡時,轉微小火繼續拌炒約2分鐘,最後加入乾辣椒炒均勻後熄火,放涼備用。

2　製作椒麻醬:調味料B放入大碗裡,加入材料B拌勻,加入1大匙已放涼的花椒油拌勻即可(圖1)。

3　茄子洗淨表皮,去蒂頭,以刨刀刨成長條片狀,泡入適量醋水(圖2);蔥洗淨切末,備用。

4　太白粉與白胡椒粉拌勻,平鋪於盤上,將五花肉片放上輕沾附粉於表面上。

5　取出泡醋水的茄子片,將沾粉的肉片鋪於茄子上,再捲成圈狀(圖3),用牙籤固定(圖4),依序完成所有茄子卷,整齊排於蒸盤。

6　將蒸盤放入蒸鍋裡,以大火蒸10分鐘,取出淋上適量椒麻醬即完成。

braise · cook

燉滷煮
一鍋好味道

添加中、西式辛香料，經過長時間燉滷而鎖住食材精華和香氣，讓你輕鬆優雅上菜，且能飽足全家人腸胃。

馬鈴薯燉肉片

牛肉可以換成豬肉或羊肉，
依個人喜好做變化。

Ingredient （4人份）

材料

牛肉片......300g
馬鈴薯......2個(550g)
紅蘿蔔......1條(300g)

洋蔥......1個(250g)
鮮香菇......4朵
市售蒟蒻絲......100g

調味料

A

無鹽奶油......20g
米酒......80cc

B

味霖......120cc
醬油......120cc
細砂糖......2大匙
水......360cc

Cooking

料理 tips

＊可以冬粉替代蒟蒻，先泡開冬粉，和肉片一起放入煮滾即完成，因為冬粉會吸乾湯汁，會比蒟蒻早入味，所以不宜太早加入燉煮。

1　馬鈴薯、紅蘿蔔、洋蔥洗淨，去皮後切大塊；香菇洗淨，在表面刻十字花紋；蒟蒻絲洗淨，以熱水浸泡，備用。

2　取一深鍋，加入奶油，以大火加熱，放入洋蔥爆香，拌炒至表面上色且微焦黃，加入馬鈴薯、紅蘿蔔（圖1），並加入米酒降溫，煮滾。

3　接著加入調味料B（圖2），將香菇排在最上層，蓋上鍋蓋，轉小火燉煮30分鐘。

4　再放入蒟蒻絲續煮15分鐘（圖3），起鍋前放入牛肉片燙熟即完成（圖4）。

古早味白菜滷

白菜滷是一道開胃美味的料理,而且愈煮愈入味。

Ingredient (4人份)

材 料

大白菜2個(1200g)・乾香菇6朵(小,15g) ・蝦米20g・紅蘿蔔1/2條(150g) ・蒜頭3瓣(20g)・豆皮8個(45g)

調 味 料

沙拉油2大匙 ・白胡椒粉1/3小匙・高湯500cc・鹽1小匙・雞粉1小匙

料 理 t i p s

＊ 若剛好有剩下的滷肉汁或「芋頭杏鮑菇滷肉」等剩餘菜餚,非常適合與白菜加工成另一道好吃下飯的佳餚。

＊ 另一種增加美味的方式是製作蛋酥,將兩個蛋打散後,不沾鍋裡加入3大匙油,以大火加熱,倒入蛋汁後不停地攪拌打散,炒到蛋酥焦黃,倒入鍋中與燙過的白菜和紅蘿蔔一起燉煮至熟軟,讓蛋香引出白菜滷的香度。

Cooking

1　大白菜對切,去心,一葉一葉剝開,浸泡冷水。另以大湯鍋煮水至滾,放入大白菜煮約2分鐘,取出瀝乾水分備用。

2　取一小碗熱水,泡軟乾香菇及蝦米;紅蘿蔔去皮洗淨,切薄片;蒜頭去皮後切薄片;瀝乾香菇蝦米水分,備用。

3　取不沾鍋,以大火加熱,倒入油,爆香蝦米、香菇絲、蒜片及紅蘿蔔片,約1分鐘後加入白胡椒粉及高湯,再倒入深鍋裡,放入豆皮及白菜,以大火煮滾。

4　再轉小火續燉煮約30分鐘至白菜軟透,加入鹽及雞粉調味即完成。

蘿蔔泥鮭魚煮

蘿蔔泥能去除鮭魚腥味，可依個人喜好增加或減少用量。

Ingredient （4人份）

材 料

鮭魚1片(600g)．白蘿蔔1/4條(150g)．蔥2支．洋蔥1/4個(65g)

調 味 料

A 柴魚片20g．熱水150cc

B 沙拉油1小匙、米酒30cc．醬油80cc．味霖60cc

Cooking

1　白蘿蔔去皮洗淨磨成泥狀；蔥白切段、蔥綠切蔥末；洋蔥切細絲，備用。

2　柴魚片泡入熱水2分鐘，再透過濾網濾出柴魚高湯備用。

3　取不沾鍋，倒入少量沙拉油加熱，放入鮭魚，以中火煎至兩面焦黃，加入蔥白及洋蔥絲拌炒數秒。

4　再加入調味料B及柴魚高湯一起煮滾，最後加入蘿蔔泥及蔥末續煮滾即完成。

料理tips

＊泡過湯汁的柴魚片可以留下來，在煮「古早味白菜滷」或「味噌什蔬魚湯」時加入可增加鮮味。

＊白蘿蔔是冬天盛產的蔬菜，削好皮後刨成絲，可做成蘿蔔糕討個好彩頭；切塊後等雞燙熟了，就與雞湯同煮成蘿蔔湯；也可將蘿蔔切粗條抓點鹽，放在室外曬乾，切碎後與蛋煎成菜脯蛋。

西班牙總匯燉飯

蕃紅花在燉煮過程中會釋放出金黃色
於湯汁裡，放的量多顏色就愈深。

Ingredient （4人份）

材料

A
蛤蜊......250g
白蝦......10隻
透抽......1隻(250g)
去骨雞腿肉......1隻(250g)
白米......2量米杯

B
杏鮑菇......1/2支(60g)
黃甜椒......1/3個(80g)
洋蔥......1個(250g)
蒜末......1大匙
小黃瓜......1/2條(40g)

調味料

橄欖油......2大匙
蕃紅花......1小撮
白酒......1大匙
高湯......550cc
鹽......1小匙

🍲 Cooking

1 蛤蜊洗淨，以蓋過的水量加入1/4小匙鹽浸泡30分鐘吐沙；白米洗淨，備用。

2 白蝦剪去長鬚後洗淨；透抽洗淨剝去外皮，清除內臟黏膜，以紙巾擦乾水分後切小段；雞腿洗淨切小塊，備用。

3 杏鮑菇洗淨，切小丁；黃甜椒洗淨去籽，切粗絲；洋蔥去皮切細碎；小黃瓜洗淨後切小丁，備用。

4 取不沾鍋，倒入橄欖油，以小火加熱，放入雞腿肉煎至兩面微焦黃後盛出。

5 利用原不沾鍋餘油爆香蒜末、洋蔥及杏鮑菇，加入白蝦、蛤蜊及透抽一起拌炒均勻（圖1），加入白酒煮至蛤蜊微開後（圖2），將所有海鮮料盛出備用。

6 另取一淺鍋，加入高湯、蕃紅花及白米，以中火拌炒（圖3），待湯汁煮滾，加入黃甜椒絲，轉微小火續煮約15分鐘至湯汁濃稠，再加入作法5海鮮料及小黃瓜，蓋上鍋蓋，待收乾湯汁即可熄火（圖4），再燜5分鐘至米粒熟透即完成。

料理 tips

＊在燉煮過程中，當湯汁快收乾時，可以試吃米粒煮熟的程度，若覺得米心呈白色口感較硬但湯汁已收乾時，可以在鍋子邊緣加入少量的水續煮，直到米心只剩一小白點，熄火續燜即可完全熟透，若喜好較軟濕的口感，水量可以多加一些。

客家冬瓜封肉

肉塊先以大火煎至酥黃,可以逼出多餘油脂,也能封住肉汁的鮮味。

料理 tips

✳ 將肉塊先放入,可以讓滷汁釋放出油脂讓蔬菜吸收,但不致於煮糊了冬瓜,且滷汁保有天然鮮甜滋味。

Ingredient （4人份）

材料

五花肉600g・冬瓜400g・高麗菜1/2個(420g)・蒜頭5瓣(30g)・蔥2支・辣椒1支(大)

調味料

沙拉油1大匙・醬油150cc・冰糖2大匙・米酒100cc・八角3個・水800cc

Cooking

1 高麗菜清洗外葉,整個直接浸泡於水中;冬瓜去籽、去皮後洗淨,切成3塊;蒜瓣去皮洗淨;蔥、辣椒洗淨,備用。

2 五花肉切大塊;取一深鍋,加入沙拉油,以大火加熱,放入五花肉,煎至表面微焦黃後,加入蒜頭爆香,再倒入醬油、冰糖拌炒均勻至肉塊上色。

3 接著倒入米酒,轉大火煮滾,高麗菜放在中間,冬瓜塊放在旁邊,最上面放上蔥、八角和辣椒,再加入水煮滾。

4 轉微小火滷1小時,熄火前以竹筷可以輕易劃開冬瓜,裡外皆已上醬色即完成。

茄子滷雞翅

薑片以小火煎過，可去除水分，讓薑味比較重。

Ingredient （4人份）

材料：

雞翅6隻(500g)·茄子2條(400g)·蒜頭3瓣
(20g)·薑片5片(20g)·九層塔適量

調味料：

A 米酒50cc·醬油膏3大匙·豆瓣醬1大匙
B 滷包1包·水480cc

Cooking

1　煮一鍋水至滾，放入雞翅汆燙1分鐘後取出，以清
　　水洗淨雞翅表面，取出瀝乾備用。

2　茄子洗淨，切長度3公分小段；蒜頭去皮，備用。

3　取一深鍋，以小火加熱，放入薑片乾煎至表皮微
　　焦，放入蒜頭，依序加入調味料A、滷包、雞翅及
　　茄子和水，以大火煮滾。

4　再轉微小火滷約30分鐘，待茄子熟軟後轉大火，放
　　入九層塔拌開入味即可熄火。

料理tips

＊在燉滷過程中，至
少要用筷子翻動雞翅
1次，使滷汁均勻上
色，也因為膠質釋出
來會讓滷汁變濃稠，
需注意滷汁收得太
乾，就容易焦底。

法式燉牛肉湯

粗鹽不易化開耐搓揉，可以推得較均勻，
可避免牛肉部分太鹹或沒味道的狀況。

Ingredient （4人份）

材料

牛腹肉......600g
洋蔥......1個(250g)
紅蘿蔔......1/2條(120g)
馬鈴薯......2個(約600g)
西洋芹......2支(140g)
蒜頭......1瓣(7g)

調味料

A

粗鹽......2小匙
粗黑胡椒粒......1/4小匙
中筋麵粉......少許
無鹽奶油......20g

B

月桂葉......2片
迷迭香......1/4小匙
百里香......1/4小匙
啤酒......330cc
水......1000cc
鹽......1.5小匙

Cooking

1　牛腹肉洗淨，以紙巾擦乾水分，撒上粗鹽、黑胡椒粒，搓揉按壓肉塊使其入味，再裝入密封袋，放入冰箱醃漬一晚。

2　洋蔥、紅蘿蔔、馬鈴薯全部去皮洗淨，切大塊；西洋芹洗淨，以小刀除去外側較粗的纖維，切小段；將月桂葉、迷迭香及百里香放入棉布袋裡，綁緊為香料包備用。

3　取出醃漬過的牛肉，以清水洗去表面黑胡椒粒，切大塊，每塊牛肉均勻沾上一層薄麵粉。

4　取不沾鍋，加入奶油，以小火加熱；放入牛肉塊，轉小火煎約1分鐘至焦黃後（圖1），翻面續煎至全部上色，再放入洋蔥、蒜頭拌炒至香味釋出（圖2），加入啤酒、香料包、西洋芹、紅蘿蔔、馬鈴薯及水（圖3），以大火煮滾，再轉微小火續燉1小時，最後加入鹽調味後煮滾即完成。

料理 t i p s

＊這道牛肉湯非常適合在假日燉煮，一次準備的份量可以多一些，在放涼後，分裝成數份後放入冰箱保存，加點蕃茄和高麗菜就變成「羅宋湯」；湯汁收乾些可以做成「牧羊人派」；或直接加入蝦仁或透抽煮滾，勾縴變身成不同風味的燴飯醬料。

紅玉昆布卷

昆布也就是海帶，是低熱量高營養的天然食材，乾昆布需密封存放在乾燥陰暗處。

Ingredient （4人份）

材 料

乾昆布2條(100g)・五花肉片450g・
紅蘿蔔1條(300g)・蒜頭3瓣(20g)

調 味 料

A 醬油1.5大匙・味霖1小匙・昆布
　高湯500cc

B 鹽1/4小匙・太白粉適量

料 理 tips

＊昆布在熬過高湯後可以捲成小
段，放入滷汁裡滷成海帶外，還
可以利用這樣的方式將它捲成肉
卷，無論是捲山藥絲、冬瓜條或
大白菜葉，只要是家裡冰箱裡剩
的食材都可以依此方式做變化。

Cooking

1　以水沖洗乾昆布，去除表面雜質。取500cc熱水倒入鋼盆，將昆布剪成二段，捲成一圈浸
　泡在熱水中至少10分鐘，讓昆布泡開變軟，湯汁即可做為調味料中的昆布高湯。

2　紅蘿蔔去皮洗淨，刨成細絲；蒜瓣去皮；取泡軟的昆布條平鋪於砧板上，以五花肉片的寬
　度將昆布切成小段，備用。

3　取1條昆布放於砧板上，五花肉平貼於昆布上，手指沾上少許太白粉塗於五花肉片上，取
　適量紅蘿蔔絲集中於一邊，用手指壓住紅蘿蔔絲，以大拇指和食指慢慢捲起昆布，像包壽
　司般捲起，邊緣部分以牙籤固定，依序完成其他昆布卷。

4　將昆布高湯和調味料A、蒜瓣放入鍋中，以中小火加熱至滾，放入昆布卷，以微火慢煮約
　30分鐘，加入鹽調味即可熄火。

5　食用前取出昆布卷，切成方便食用大小，淋上少量湯汁即完成。

芋頭杏鮑菇滷肉

豬肋小排醃漬時間長較易入味，去除蒜頭可避免油炸時產生焦味。

Ingredient （4人份）

材料

豬肋小排800g · 芋頭1個(600g) · 杏鮑菇2
支(240g) · 紅蔥頭70g · 蔥3支 · 蒜頭2個

調味料

A 醬油2大匙 · 五香粉1小匙

B 醬油120cc · 米酒4大匙 · 冰糖1大
匙 · 滷包1包 · 水720cc · 地瓜粉100g

料理 tips

＊可以同份量的梅花肉或五花
肉取代豬肋小排，牛肉則建議
適合燉煮的牛腱肉。

Cooking

1 蒜頭去皮後拍碎，和其他調味料A放入鋼盆裡拌勻。

2 豬肋小排洗淨，以紙巾拭乾水分，放入作法1鋼盆裡拌
勻，再放入冰箱醃漬4小時充分入味備用。

3 芋頭去皮洗淨，切3公分長寬；紅蔥頭去皮後切片；杏鮑
菇洗淨後切塊；蔥洗淨後去頭部，取兩支切成3段，另一
支切末，備用。

4 起油鍋，放入芋頭塊，以中火炸約5分鐘至金黃，瀝乾油
分取出，接著放入紅蔥頭片，續炸約1分鐘後撈出備用。

5 撈除豬肋小排表面蒜頭，倒入地瓜粉拌勻，再放入作法4
油鍋中，續炸約3分鐘至表面上色即可取出。

6 取電鍋內鍋，依序放入蔥段、肋小排、杏鮑菇塊、芋頭，
再加入調味料B，最上層撒上紅蔥頭片，外鍋1.5杯水，蓋
上鍋蓋，按下開始鍵，開關跳起後再燜30分鐘，取出後撒
上蔥末即完成。

義式燉菜

將湯汁以小火收乾變濃稠，
可以做海鮮披薩的底醬或沾醬。

Ingredient （4人份）

材料

A

蕃茄......2個(300g)

西洋芹......1支(70g)

紅甜椒......1/2個(120g)

黃甜椒......1/2個(120g)

B

洋蔥......1個(250g)

杏鮑菇......1支(120g)

小黃瓜......1條(80g)

蒜末......1大匙

調味料

A

無鹽奶油......20g

高湯......300cc

義式香料粉......1/4小匙

B

蕃茄醬......1大匙

鹽......1小匙

黑胡椒粉......適量

起司粉......適量

料理 tips

＊加點起司粉，趁熱以吐司條或法國麵包搭著吃，營養滿分且美味。

＊蕃茄洗淨切片後，和起司片夾在吐司做成三明治就是簡易美味的早餐；與水煮滾，加顆蛋將變身成蕃茄蛋花湯，是一道方便又快速的營養湯品。

☕ Cooking

1　蕃茄洗淨去蒂，切小丁；西洋芹洗淨，以小刀除去外側較粗的纖維，先切段後切小丁；洋蔥去皮洗淨，切細丁；紅、黃甜椒洗淨去籽，切小丁；杏鮑菇、小黃瓜洗淨後切小丁，備用。

2　取不沾鍋加熱，放入奶油及洋蔥，以小火拌炒約2分鐘至洋蔥軟透（圖1），轉中火，加入蒜末一起爆香，放入所有材料A拌炒均勻，倒入高湯及義式香料粉燉煮20分鐘（圖2）。

3　再加入蕃茄醬及小黃瓜、杏鮑菇（圖3），以鹽調味，最後依個人喜好加入黑胡椒粉及起司粉拌勻即完成。

起司球咖哩鍋

加入起司片或咖哩粉，
可以增加湯底香氣。

Ingredient （4人份）

材料

A

洋蔥......1個(250g)
馬鈴薯......1個(275g)
紅蘿蔔......1/2條(150g)
蘋果......1個(150g)
起司片......3片

B

牛肉片......400g
蟳味棒......1盒(120g)
蟹卵卷......1盒(120g)
起司球......1盒(120g)

調味料

無鹽奶油......20g
水......840cc
咖哩......4小塊(130g)
植物性鮮奶油......20cc

Cooking

1　洋蔥、馬鈴薯、紅蘿蔔全部去皮洗淨，切大塊；蘋果洗淨去蒂，切小塊，備用。

2　將奶油、洋蔥塊放入深鍋裡，以小火加熱拌炒約1分鐘，加入蘋果、馬鈴薯塊及紅蘿蔔塊拌炒均勻，倒入水，轉大火煮滾，再轉微小火燉煮30分鐘。

3　以筷子插入紅蘿蔔測試，當輕易插入表示熟軟（圖1），放入咖哩塊、材料B（圖2），再次煮滾後，加入起司片及鮮奶油拌至起司片融化（圖3）。

料理 tips

＊火鍋料依個人喜好選購，烏龍麵或其他食材都適合。

＊湯頭過濃稠時，可以用熱水調整濃度。

＊咖哩塊融化後較容易產生焦鍋底的問題，所以需注意鍋子的材質，宜選用耐高溫的鐵氟龍或玻璃材質為佳，才能夠邊吃邊涮料。

海陸鮮卷燒

填入透抽內餡可以選擇「低卡仙貝蝦鬆」或「西班牙總匯燉飯」替換，讓餐桌充滿新口味料理。

Ingredient （4人份）

材料

去骨雞腿肉......1隻(250g)
透抽......2隻(大，800g)
蝦仁......150g
紅甜椒......1/3個(約80g)
黃甜椒......1/3個(約80g)
杏鮑菇......1支(約120g)
青蒜......1支
蛋......1個

調味料

A
鹽......1/3小匙
白胡椒粉......1/4小匙
B
沙茶醬......2大匙
米酒......2大匙
烏醋......1.5大匙
醬油......1.5大匙
水......240cc

🍲 Cooking

料理 tips

＊若有「義式燉菜」、「日式雞肉蕃茄煮」或「起司球咖哩鍋」的醬汁剩料，可以再利用，只要拌入適量白飯為內餡後即可填入透抽，多一些變化滿足家人的腸胃。

1　紅、黃甜椒洗淨後去籽；杏鮑菇洗淨後切小丁；青蒜洗淨後切段；雞腿洗淨，以紙巾擦去水分，切小塊；蝦仁去泥腸後洗淨，對切以刀面按壓平，再切成碎泥狀，備用。

2　透抽洗淨後剝去外皮，清除內臟黏膜，以紙巾擦乾水分，觸角部分切小丁與蝦泥放在一起備用。

3　將雞肉丁放入不沾鍋，以大火拌炒至雞肉丁表面微焦黃，加入白胡椒粉及鹽調味，再加入所有甜椒、杏鮑菇丁炒勻，最後放入蝦泥炒勻至半熟後即可盛於調理盆，加入蛋拌勻即為餡料（圖1）。

4　取適量餡料塞入透抽身體（圖2），以牙籤穿入封住開口（圖3）。

5　青蒜與調味料B全部放入鍋裡，以大火煮滾後，將填好料的透抽放入鍋中，轉小火煮5分鐘，翻面後再續煮7分鐘即完成。

6　取出已煮熟的透抽，切片置於盤上，將剩下的煮汁均勻淋於表面即可食用。

冬瓜泥香腸菜飯

若不喜歡鍋巴，則在冬瓜湯煮滾後取出蛤蜊肉，不用砂鍋

而直接放入電鍋裡蒸煮，等飯煮好後再加入蛤蜊肉拌開即完成。

Ingredient （4人份）

材料

蛤蜊300g・紫米1/2量米杯・白米1.5量米杯・冬瓜240g・薑片2片(10g)・蒜味香腸2條

調味料

沙拉油1大匙・鹽1/3小匙・水480cc

料理 t i p s

＊用砂鍋煮飯較容易煮出香酥的鍋巴，只要把握幾個要點，大火煮滾後一定要轉微小火；注意冒出的水蒸氣變少或看不出來時，表示水分已快煮乾，此刻需注意有無焦味，必要時可以開鍋蓋檢查米心是否熟透。

Cooking

1 蛤蜊洗淨泡鹽水吐沙；紫米洗淨浸泡於水中至少3小時，白米洗淨，浸泡於水中至少30分鐘。

2 香腸切小片；冬瓜去籽、去皮後洗淨，切小丁；薑切細絲，備用。

3 取不沾鍋加熱，放入香腸，以小火煎至兩面酥香，盛出香腸於盤中。

4 將冬瓜、薑絲及蛤蜊放入原不沾鍋，加入水，以大火煮滾，待蛤蜊全開即可熄火，取出蛤蜊肉（去除殼），鍋中冬瓜湯加入鹽趁熱拌勻備用。

5 取一砂鍋，加入調味料中的沙拉油，以刷子將油塗抹均勻於表面，放入香腸，倒入瀝乾水分的米、冬瓜湯拌均勻，以大火煮滾。

6 轉微小火續煮約15分鐘，待水蒸氣與鍋邊水氣消失，打開鍋蓋若湯汁已收乾，加入蛤蜊肉於米飯上，蓋上鍋蓋，熄火續燜10分鐘即完成。

山藥燉羊肉

羊肉與白蘿蔔搭配最能釋出甘甜味,與薑母鴨的配料煮法類似,可以加入高麗菜或杏鮑菇一起烹調。

Ingredient (4人份)

材料

羊肉600g · 老薑50g · 白蘿蔔1條 (600g) · 山藥1/2條(400g) · 燒酒雞滷包1包 · 枸杞1大匙

調味料

黑麻油240cc · 米酒480cc · 水720cc · 鹽1小匙

Cooking

1 羊肉放入滾水汆燙去血水,撈出後以清水洗淨雜質備用。

2 老薑洗淨表皮,切薄片;白蘿蔔去皮洗淨,切大塊;山藥去皮洗淨,切大塊,泡水備用。

3 取不沾鍋,以小火加熱,放入薑片乾煎至表皮微焦,加入黑麻油及羊肉,拌炒約5分鐘至羊肉表面上色且酥香,倒入米酒,以大火煮滾。

4 加入滷包、白蘿蔔塊及水續煮至滾,再轉微小火燉煮約45分鐘,待羊肉軟嫩後,再加入山藥及枸杞,以鹽調味後煮8分鐘入味即可。

料理 tips

＊麻油燒酒類鍋物若需湯鮮美且不會有過分酒味,秘訣在於拌炒過肉塊加入米酒後,需轉大火煮滾,並在煮滾的湯面上點火燃燒使酒精揮發,當酒精燒完且火也熄了,再加入水及其食材燉煮,其風味更佳。

蛤蜊奶油巧達湯

倒入拌勻的牛奶麵粉時，需邊加
入邊攪拌較容易拌勻且不黏鍋。

Ingredient （4人份）

材料

蛤蜊......600g
培根......100g
馬鈴薯......2個(550g)
洋蔥......1個(250g)
新鮮巴西里碎......適量

調味料

水......600cc
無鹽奶油......20g
牛奶......480cc
中筋麵粉......2大匙
鹽......1/4小匙
植物性鮮奶油......45cc
白胡椒粉......適量

料理 t i p s

＊蛤蜊巧達濃湯分為白湯及紅湯二種，白湯即新英格蘭蛤蜊巧達濃湯(New England clam chowder)，紅湯即為曼哈頓蛤蜊巧達濃湯(Manhattan clam chowder)，差別在於蕃茄。所以想換口味的話，建議加入1罐市售蕃茄碎一起燉煮，以起司粉做裝飾變成另一種湯品。

Cooking

1　蛤蜊洗淨，加入蓋過蛤蜊的水量，加入鹽吐沙至少30分鐘後洗淨備用。

2　取一深鍋，加入水，以小火加熱，待全部蛤蜊皆半開時即可熄火，取出蛤蜊肉，湯汁備用。

3　培根切細絲；馬鈴薯去皮洗淨，切約2公分小丁；洋蔥去皮洗淨，切細丁，備用。

4　蛤蜊湯汁以小火加熱，放入馬鈴薯丁煮15分鐘；取不沾鍋，放入奶油，以小火加熱融化，放入培根炒至酥脆，再加入洋蔥拌炒至軟透（圖1），倒入馬鈴薯湯續煮滾（圖2）。

5　牛奶與麵粉先拌勻，再倒入煮滾的作法4湯中，邊倒邊拌勻（圖3），加入蛤蜊肉、鹽調味（圖4），續煮至滾即可熄火。

6　最後加入鮮奶油拌勻，撒上巴西里碎，並依個人喜好以白胡椒粉增加風味。

韓式泡菜豆腐鍋

傳統豆腐汆燙後能去除豆酸味,且使
豆腐不易碎落散開,保持形狀完整。

料理 tips

＊剛醃漬完成的泡菜較適合當作開胃菜;做火鍋或拌炒時,
建議放1週後再使用為佳,開封後的泡菜需放入冰箱冷藏。

＊在醃漬大白菜時,可以用重物壓在上面(如:石頭),或
用塑膠袋裝水封緊後壓在白菜上面(吃進鹽的葉子脫除澀味
較快)。在洗淨白菜鹽水時,可以撥一小片白菜葉試吃,若
太鹹就需再洗一次。

Ingredient （4人份）

材 料

A

韓式泡菜......200g
梅花豬肉......450g
傳統豆腐......2塊
蔥......1支
冬粉......1把

調 味 料

高湯......960cc
韓式辣椒醬......1大匙

Cooking

1　豬肉切細條；蔥白切段，蔥青切末；冬粉泡水至軟，備用。

2　取不沾鍋，以小火乾煎梅花肉條至表面焦黃，加入蔥段、泡菜拌炒均勻後轉大火，加入高湯煮滾後轉小火，加入辣椒醬續煮15分鐘。

3　另準備一鍋滾水，以小火汆燙豆腐約30秒，撈出後瀝乾水分，再放入作法2泡菜湯內續煮5分鐘至入味。

4　最後加入瀝乾水分的冬粉繼續煮滾，熄火後加入蔥末即完成。

韓式泡菜DIY

材料：

山東大白菜1個(2000g)．紅蘿蔔1/2條(150g)．蔥2支．蒜頭3瓣(20g)．薑片5片(20g)．蘋果1個(150g)．熟白芝麻1大匙．蝦米1大匙

醃料：

A 泡白菜鹽水：水1000cc、鹽100g
B 鹽1大匙．細辣椒粉4大匙．韓式辣椒醬3大匙．細砂糖1.5大匙．鹽1小匙．魚露1大匙．水120cc

作法：

1 大白菜對切成4份，泡水約10分鐘去除葉面雜質，再放入拌勻的泡白菜鹽水4個小時，取出瀝乾水分，以手指沾少許鹽塗抹大白菜心，用手掌輕壓搓大白菜20秒，讓白菜梗吃進鹽，再裝入大塑膠袋，擠出空氣後綁緊袋口，靜置至少2小時。

2 紅蘿蔔去皮洗淨，切細絲；蔥洗淨後切小段，備用。

3 將蔥、蒜、薑、蘋果、蝦米、白芝麻與水用果汁機打成泥，倒入調理盆，加入調味料B拌勻，加入紅蘿蔔絲稍拌開即為醬汁。

4 取出大白菜，過開水洗去鹽分，再放於濾盆中壓出葉子水分，將作法3的醬汁均勻塗抹於每片大白菜葉上，再放入乾淨玻璃罐中，用手擠壓大白菜，一方面排除空氣以免發酵過程容易酸敗，也可以讓醬汁完全包覆白菜。

5 最後蓋上蓋子封緊，放在室溫發酵2～3天即可食用（平均溫度25～30℃放2天，20℃以下放3天）。

羅宋湯

煮好的羅宋湯加入少許香菜或
巴西里，可以增加香氣。

Ingredient （4人份）

材料

A

牛腩......400g

洋蔥......1個(250g)

紅蘿蔔......1/2條(150g)

馬鈴薯......1個(275g)

蕃茄......1個(150g)

高麗菜......1/6個(150g)

B

蒜末......1小匙

吐司邊......8條

調味料

A

無鹽奶油......60g

B

米酒......2大匙

高湯......960cc

蕃茄醬......3大匙

義式香料粉......1/2小匙

鹽......1大匙

起司粉......適量

料理 t i p s

羅宋湯源自於俄羅斯及東歐一帶，原名是Russia Soup（俄羅斯湯），湯品本身並不是某位大廚所發明的，而是一般家庭取決於廚房裡有什麼食材就添加進去，因為猶太人移居於各地而演變成現在隨處可見的情況，是一道很家常隨意的料理。

Cooking

1 牛腩洗淨切小塊；洋蔥、紅蘿蔔、馬鈴薯去皮洗淨；蕃茄洗淨後去蒂；高麗菜洗淨，以上蔬菜全部切小塊備用。

2 取湯鍋，加入牛腩，以小火乾煎至表面焦香，加入洋蔥拌炒，當鍋底因肉汁焦黃時，加入米酒繼續拌炒，並加入40g奶油待融化，再加入馬鈴薯、紅蘿蔔及高湯續煮20分鐘。

3 接著放入高麗菜，加入蕃茄醬、義式香料粉及鹽調味，續煮10分鐘至高麗菜軟透後熄火，依個人喜好加入起司粉即完成。

4 將蒜末與剩餘20g奶油拌勻，塗抹於吐司邊，放入以100℃預熱好的烤箱，烘烤3分鐘至表面上色，取出即可搭配羅宋湯食用。

日式雞肉蕃茄煮

南瓜連皮一起下鍋燉煮較容易保持完整，而不會因燉煮時間長而煮散了。

Ingredient（4人份）

材料：

去骨雞腿肉300g・南瓜1/4個(180g) ・洋蔥1/2個
(125g)・蕃茄1個(150g)・蒜頭2瓣(15g)

調味料：

沙拉油1大匙・高湯120cc・味霖1大匙・米酒1
大匙・蕃茄醬2大匙・鹽1/4小匙

Cooking

1　雞腿肉洗淨後切小塊；洋蔥去皮洗淨，切
　　角塊；蕃茄洗淨去蒂，切角塊；南瓜皮洗
　　淨後切角塊；蒜瓣去皮後切片，備用。

2　取不沾鍋，倒入沙拉油加熱，加入蒜片爆
　　香，放入雞腿塊煎至香酥，轉大火後加入
　　米酒、洋蔥、蕃茄拌炒約1分鐘揮發酒味。

3　再加入高湯、蕃茄醬、味霖及南瓜塊，煮
　　滾後再轉小火慢煮20分鐘至南瓜熟軟，加
　　入鹽調味即完成。

料理 tips

＊南瓜是少數可以入菜煮湯又可以用來做甜點的
蔬菜，長時間燉煮時，建議切角塊連皮一起入
鍋，較容易保持完整也不會煮散。

＊剩下的菜餚可別浪費，只要拌入白飯，加點起
司絲烘烤就是簡單的焗飯。若有麵條或米粉，煮
熟後與剩菜拌開，則是一道快速變身的餐點。

味噌什蔬魚湯

魚肉可以帶出湯的鮮味,也可以赤鯮、鮪魚替代。

Ingredient (4人份)

材料

A 魟魚200g・洋蔥1/5個(50g)・白蘿蔔1/6條
(100g)・紅蘿蔔1/6條(50g)・杏鮑菇1/2支
(70g)・高麗菜1/8個(100g)

B 嫩豆腐1盒・蔥末適量・乾海帶芽適量

調味料

味噌60g・味霖1小匙・細砂糖1小匙・
柴魚片10g・水960cc

料理 tips

＊可選購豬肉或蝦子、蛤蜊替代變化
魟魚,品嚐不同風味的味噌湯。

＊冰箱裡若有剩的蔬菜,用來煮味噌
湯最適合,只要將湯的比例控制好,
需要煮久才會熟透的食材即和湯一起
先煮,燙一下就熟的青菜可於熄火前
加入烹調即可。

Cooking

1 洋蔥去皮洗淨,切細絲;紅、白蘿蔔去皮洗
淨,切薄片;高麗菜洗淨後切小塊;乾海帶
芽泡熱水,備用。

2 取一湯鍋,放入洋蔥絲、紅蘿蔔、白蘿蔔與
水,一起以大火加熱煮滾,並以小碗舀出少
量熱水與味噌拌勻,再倒回湯鍋裡,加入味
霖與細砂糖,轉微小火續煮20分鐘。

3 嫩豆腐切小丁,魟魚切小塊,一起加入煮好
的味噌湯裡,續煮滾後加入柴魚片及蔥末,
依個人喜好加入泡開的海帶芽即完成。

雙圓薑汁甜湯

揉製完成的芋圓可以裝入密封
袋，放於冷凍庫約保存1個月。

料理 t i p s

※ 在拌揉成糰的過程中，地瓜粉需分次加入，只要不沾
黏在手指上即停止加粉，過多的粉會讓芋圓、地瓜圓口
感較紮實，而吃不出本身的甜味。

Ingredient （4人份）

材料

芋頭......1/2個(300g)
地瓜......2條(500g)
老薑......100g
桂圓......30g

調味料

水......480cc
黑糖......2大匙

細砂糖......5大匙
地瓜粉......350g
太白粉......4大匙

Cooking

1　芋頭去皮洗淨，放入蒸鍋，以大火蒸10分鐘；地瓜去皮洗淨，放在芋頭邊一起續蒸20分鐘，蒸至用竹筷插入中心點，若能輕易插入即代表已熟透。

2　老薑洗淨外皮雜質，以刀刮除表皮後切片，放入洗淨無油質的小湯鍋中，以微小火乾煎數秒，中途需翻面，再加入水煮滾，接著加入桂圓、黑糖續煮10分鐘至薑味釋出於湯汁中後熄火，即為薑汁糖水。

3　取出蒸好的芋頭、地瓜，分別放入調理盆，以木匙（或飯匙）分別壓散芋頭及地瓜成泥狀，加入3大匙細砂糖於芋頭泥拌勻（圖1），加入2大匙細砂糖於地瓜泥拌勻成糰。

4　將地瓜粉分成兩份，1份做芋圓、1份做地瓜圓。

5　先取部分地瓜粉於芋泥調理盆中拌勻（圖2），當芋泥吃進地瓜粉後會慢慢成糰，再慢慢加入地瓜粉直到不沾手即停止加粉（圖3）。

6　將芋泥糰搓揉成長條狀，切成約1.5公分小塊（圖4），搓揉成圓球狀，再放置於已鋪太白粉的平盤，均勻沾上薄薄一層太白粉即為芋圓。另一份地瓜粉加入地瓜泥調理盆中，以同樣作法拌成糰，切小塊即為地瓜圓。

7　煮一鍋滾水，放入芋頭圓、地瓜圓，煮至芋圓浮至水面上代表熟軟（圖5），熄火，撈出後盛入煮好的薑汁糖水即可食用。

P
A
R
T
3

pan-fry · bake

煎烤
香酥好滋味

善用廚房好幫手平底鍋和烤箱，煎烤出金黃香酥的低油煙料理，讓廚房世界變得更有趣。

蕃茄辣醬雞肉卷

墨西哥餅皮煎過後,要趁熱包覆食材,因為餅皮放涼比較不易定型,餅皮也容易破裂。

料理 tips

＊若擔心洋蔥的辛辣味過重,可以在切絲後過冰水,洗去表面釋出的酵素,再切細碎,也能輕鬆享受莎莎醬特殊風味。

Ingredient （4卷）

材料

A
去骨雞腿肉......1隻(250g)
西洋芹......1支(70g)
高麗菜......1/8個(100g)
墨西哥餅皮......4片
B
洋蔥......1/3個(80g)
蕃茄......1個(150g)
九層塔......10g
朝天椒......1支

調味料

A
醬油......1.5大匙
米酒......1.5大匙
味霖......1大匙
細砂糖......1小匙
水......3大匙
B
冷壓橄欖油......2大匙
Tabasco醬......適量
檸檬汁......1大匙

莎莎醬是美墨料理經常使用的醬料，用途很廣，亦適合做為玉米脆片的沾醬或沙拉淋醬。

Cooking

1 調味料A倒入大碗裡拌勻，將洗淨的雞腿放入浸漬10分鐘，再放入不沾鍋，以小火先將雞皮部分煎約3分鐘至焦黃上色，將雞腿翻面。

2 再加入醃漬雞腿的醬料續煎6分鐘，翻面讓焦黃的表皮吸入醬汁上色，待雞腿熟透且湯汁收乾，取出放涼切成4份備用。

3 高麗菜洗淨切細絲；西洋芹洗淨，以小刀除去外側較粗的纖維，切粗條，全部放入冰開水中冰鎮備用。

4 製作莎莎醬：將材料B分別洗淨，切細末，放入大碗裡，加入調味料B拌勻即可。

5 取一不沾鍋，以小火加熱，將墨西哥餅皮放入煎10秒，再翻面續煎10秒至上色即可取出，依序完成所有餅皮煎製。

6 取1片墨西哥餅皮，鋪上適量瀝乾水分的高麗菜絲、西洋芹條（圖1），放上雞腿肉，淋上適量莎莎醬（圖2），捲起後即可食用（圖3、4）。

歐式烘蛋

蛋汁中加了少許美乃滋，在加熱過程中將形成膨鬆組織，類似用烤箱烘烤完成的口感。

Ingredient （4人份）

材 料

蛋7個・洋蔥1/3個(80g)・青椒1/3個
(80g)・蕃茄1個(150g)・杏鮑菇1/2
支(60g)

調 味 料

A 鹽1/2匙・美乃滋1大匙・義式香
　料粉少許・起司粉少許
B 無鹽奶油15g・沙拉油2大匙

料 理 t i p s

＊煎蛋時的火候要大且油需要
較多，才能煎出蛋香和多汁滑
嫩的口感，而烘蛋以7分熟為
佳，再多30秒就會完全熟透，而
影響口感。

Cooking

1 洋蔥去皮；青椒洗淨；蕃茄洗淨去蒂；杏鮑菇洗淨，全部切成細丁備用。

2 將蛋剝殼後打入鋼盆裡，加入調味料A充分攪拌均勻。

3 取不沾鍋，放入作法1所有材料，以小火拌炒均勻，再加入奶油增加香氣，待約2分鐘
至蕃茄熟軟出水時，轉大火收汁後熄火即為餡料備用。

4 將沙拉油倒入不沾鍋，以大火加熱，待鍋子燒熱冒煙時，倒入蛋汁，以長竹筷快速攪
拌約20秒至蛋汁均勻，再放入炒熟軟的餡料於蛋皮，離開火爐。

5 小心將蛋皮翻折成半月形，再放回爐火上續加熱20秒至兩面蛋皮呈金黃色即完成。

玉米蛋香煎餅

可以參考「彩蔬海鮮大阪燒」麵糊製作方式，加入冰箱現有蔬菜做變化。

Ingredient （4片）

材 料

A 玉米1支(110g)・火腿片2片(30g)

B 低筋麵粉150g・全麥麵粉30g・泡打粉
1/4小匙・蛋2個・牛奶200cc

調 味 料

沙拉油4大匙・鹽1/3小匙

Cooking

1 玉米洗淨，以刀子削下玉米粒，放入大碗裡，
加入蓋過玉米粒的水，放入微波爐強微波3分
鐘煮熟，瀝乾水分放涼備用；火腿片切小丁，
備用。

2 所有麵粉與泡打粉過篩，加入蛋、牛奶及鹽一
起攪拌至沒有麵粉顆粒的麵糊，靜置15分鐘。

3 不沾鍋先倒入1大匙沙拉油，以小火加熱，將
玉米粒和火腿丁放入麵糊裡稍微拌開，再以大
湯匙舀適量麵糊於不沾鍋裡。

4 轉微小火，慢煎5分鐘至表面金黃，翻面續煎5
分鐘即完成直徑約8公分煎餅，依序完成另外3
份煎餅。

料 理 t i p s

＊家中若有鬆餅機，插電後將更方便完成玉米蛋香煎餅。

＊在麵糊中加入適量泡打粉，可以促使麵糊發泡膨鬆，有如鬆餅般的口
感，若剛好沒有這項材料時，麵糊下鍋的量就不宜多，可以煎薄些（約0.5
公分厚度），表面酥黃即翻面。

彩蔬海鮮大阪燒

市售的日式豬排醬比較偏酸鹹，可以用
1:1比例的蘋果泥調和，讓醬汁更清爽。

Ingredient （4人份）

材料

高麗菜......1/4個(200g)
紅蘿蔔......1/6條(50g)
山藥......150g
透抽......1隻(200g)
蝦仁......12尾(300g)
五花肉片......6片(130g)

調味料

A
低筋麵粉......160g
鹽......1/4小匙
雞粉......1/4小匙
水......180cc
蛋......2個

B
日式豬排醬......2大匙
美乃滋......適量
海苔粉......1/2小匙
柴魚片......適量

Cooking

1　低筋麵粉過篩，加入鹽及雞粉先混合拌勻；將山藥去皮，洗淨後磨成泥，再倒入麵粉裡，慢慢加入水拌勻成濃稠的麵糊。

2　高麗菜洗淨瀝乾水分，切細絲；紅蘿蔔去皮洗淨，刨成細絲；透抽洗淨後剝去外皮，清除內臟黏膜，以紙巾擦乾水分後切小段；蝦仁去泥腸後洗淨，備用。

3　取1個大碗，放入高麗菜絲，1個蛋及麵糊，稍微攪拌混合為高麗菜麵糊（圖1）。

4　取不沾鍋，以小火加熱，取一半高麗菜麵糊倒入鍋中煎3分鐘，鋪上透抽、蝦仁及五花肉片（圖2），當麵糊邊緣顏色開始變酥黃即可翻面，再小心翻面續煎5分鐘。

5　待另一面也煎酥黃，鋪餡面朝上，均勻塗上豬排醬，擠上美乃滋形成網狀（圖3），再撒上海苔粉（圖4），最後鋪上柴魚片，依序完成另一份大阪燒即完成。

奶油焗白菜

完成的白醬趁熱盡快和餡料拌勻，
若降溫後將會更濃稠，待拌勻前再
小火加熱一會兒即可。

Ingredient （4人份）

材料

大白菜......1/2個(300g)
杏鮑菇......1/2支(60g)
火腿片......2片(30g)
洋蔥碎......1大匙
玉米粒......100g

調味料

A

沙拉油......1大匙
黑胡椒粉......1/4小匙
鹽......1/4小匙
起司絲......100g

B

無鹽奶油......40g
低筋麵粉......40g
高湯......240cc
牛奶......360cc

白醬材料需分次加入慢慢拌炒為宜。

Cooking

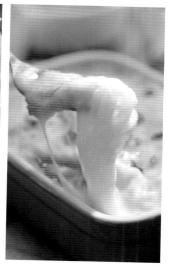

料理 tips

＊若有剩餘的大白菜，可以運用於「火腿起司蕃茄盒」，或者「古早味白菜滷」。

＊這裡示範的「白醬」是傳統西餐的標準作法，需要較多時間拌炒出濃稠感。若需快速完成白醬，可以參考「蛤蜊奶油巧達湯」或「火腿起司蕃茄盒」的作法，用牛奶加入麵粉直接加熱煮成牛奶糊。

1　大白菜洗淨，對切分為白菜梗及白菜葉，白菜梗部分再對切成兩段，放入滾水汆燙2分鐘至軟，取出後瀝乾水分。

2　杏鮑菇洗淨切薄片；火腿片對半切再切細絲，備用。

3　不沾鍋以小火加熱，倒入沙拉油、洋蔥碎、杏鮑菇片、火腿絲及玉米粒拌炒至熟軟（圖1），待2分鐘後加入黑胡椒粉及鹽調味即為餡料；烤箱以180℃先預熱，備用。

4　取不沾鍋，以小火加熱，放入奶油，融化後倒入麵粉拌炒，當麵粉吃進油質後會成糰狀，且有炒麵麩的香味釋出，再倒入1/3份量高湯繼續拌炒均勻，當水分被吃進麵糰裡會開始變糊，再加入剩餘高湯拌炒、接著加入牛奶拌炒至湯汁濃稠即為白醬。

5　將白醬倒入作法3餡料中拌勻（圖2），再倒入預備的烤皿中（圖3），均勻鋪上起司絲（圖4），放入烤箱中烘烤15分鐘至起司絲融化且上色即完成。

火腿起司蕃茄盒

挖出的蕃茄肉可以先用保鮮盒裝好，

可以在下次有蕃茄料理時加入，

例如：義式燉菜、羅宋湯。

Ingredient （4人份）

材料

蕃茄......4個(600g)

大白菜......4片(80g)

紅蘿蔔......1/6條(50g)

起司片......4片(70g)

火腿片......1片(15g)

罐頭鮪魚......4大匙

調味料

鹽......1/2小匙

黑胡椒粉......適量

牛奶......100cc

低筋麵粉......1大匙

起司粉......少許

料理 tips

＊可以用「奶油焗白菜」或「低卡仙貝蝦鬆」做內餡，加入適量鮪魚，最上層鋪上起司，包上鋁箔紙後放入烤箱烘烤，待相同時間至起司上色即完成。

Cooking

1　大白菜洗淨，以手撕成小塊；紅蘿蔔去皮洗淨，刨絲。燒一鍋600cc水，加入鹽、白菜、紅蘿蔔絲，以中火煮2分鐘至熟軟後撈出，瀝乾水分後分成4等份。

2　蕃茄洗淨去蒂，用湯匙挖出果肉；牛奶和麵粉拌勻；火腿片及起司片各切成4等份；烤箱以180℃先預熱。

3　取蕃茄做為容器，底層先鋪上白菜，依序鋪上1份火腿片、2份起司片、1大匙鮪魚，倒入適量牛奶糊，最上面放上另2份起司片，以鋁箔紙包覆整個蕃茄，放入烤箱，烘烤20分鐘至起司片融化。

4　將烤盤取出，以筷子打開鋁箔紙，依個人喜好撒上少許起司粉，再放入烤箱續烘烤8分鐘，待起司粉上色呈微焦黃即完成。

茄子田樂燒

切好的茄子立刻泡入白醋水中，可避免切開面的茄子氧化變黑。

Ingredient （4人份）

材 料

茄子3條(600g)

調 味 料

白味噌40g・紅味噌50g・米酒2
大匙・蛋黃1個・細砂糖1小匙・
味霖3大匙

料理 tips

＊除了用茄子做為主食材
外，綠竹筍、茭白筍或百頁
豆腐，也適合拿來燒烤。

Cooking

1　茄子洗淨後切3段，再對切成2片（1條為6片），放入醋水浸泡（500cc水和1大匙白醋拌勻）
　　備用。

2　所有調味料放入小鍋中拌勻，再以小火加熱攪拌均勻約2分鐘即為味噌醬。

3　烤箱以180℃預熱；將茄段放入蒸鍋，以大火蒸10分鐘後取出，備用。

4　將味噌醬均勻塗抹於茄子切面，再放入烤箱烘烤15分鐘至上色即完成。

海鮮蔬菜披薩

起司絲及義式香料粉可依個人喜好增減其使用量；所鋪餡料也可依個人、家人喜好變化。

Ingredient （4人份）

材 料

市售披薩皮2張‧透抽1尾(300g)‧蝦仁6尾(約150g)‧鮭魚片100g‧蕃茄1個(150g)‧青椒1/2個(120g)‧黑橄欖適量

調 味 料

沙拉油1小匙‧蕃茄醬6大匙‧起司絲200g‧起司粉適量‧義式香料粉適量‧黑胡椒粒適量

Cooking

1. 披薩皮先放室溫退冰；透抽洗淨後剝去外皮，清除內臟黏膜，擦乾水分後切粗條；蝦仁去泥腸後洗淨；鮭魚切薄片，撒上少許義式香料粉及黑胡椒粒，備用。

2. 蕃茄洗淨去蒂，切薄片；青椒洗淨去籽，切小圈，備用。

3. 烤箱以200℃先預熱。取不沾鍋，加入沙拉油，以小火加熱，放入所有海鮮料煎1分鐘至半熟即熄火。

4. 將蕃茄醬塗於披薩皮表面，撒上少許義式香料粉，依序鋪上海鮮料、蕃茄片、青椒絲，再撒上起司絲、黑橄欖和起司粉。

5. 放入烤箱，以200℃烘烤10分鐘至起司絲上色帶點焦黃即完成。

料 理 t i p s

＊可以墨西哥餅皮或吐司取代披薩皮，因烘烤時間較短，故海鮮料則需先炒熟透，依照作法4順序鋪餡料，放入烤箱烘烤至起司融化上色即可。

牧羊人派

表面刷上蛋黃，在烘烤時上色會較
均勻美觀，也可以省略不使用。

Ingredient （4人份）

材料

A
牛肉......200g
馬鈴薯......1個(270g)
蛋黃......1個

B
洋蔥......1/3個(80g)
紅蘿蔔......1/2條(150g)
西洋芹......1支(70g)
蘑菇......100g
蕃茄......1個(150g)

調味料

A
無鹽奶油......20g
紅酒......60cc
蕃茄醬......2大匙
月桂葉......1片
鹽......1/2小匙

B
牛奶......50cc
白胡椒粉......適量

料理 tips

＊牧羊人派是一道古老的英國平民餐點，名稱由來起源於牧羊家庭，先生去放羊時經常晚歸，無法配合用餐時間，於是太太將剩菜疊放於深盤，肉和蔬菜疊放底層，上鋪馬鈴薯泥即是。

＊可以參考「義式燉菜」或「法式燉牛肉湯」的餡料做創意風味料理。

Cooking

1

2

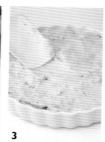

3

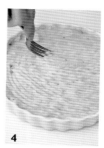

4

1 馬鈴薯洗淨外皮，放入小鍋裡，加入適量水（蓋過馬鈴薯為宜），以小火煮15分鐘至滾且軟；烤箱以200℃先預熱。

2 洋蔥去皮洗淨；紅蘿蔔去皮洗淨；西洋芹洗淨；以小刀除去外側較粗的纖維；蕃茄洗淨去蒂，將以上蔬菜、蘑菇全部切細丁，備用。

3 將牛肉洗淨後切小丁，起油鍋，放入洋蔥，以小火拌炒2分鐘，再加入牛肉丁、其他材料B和奶油續炒4分鐘後轉大火，倒入紅酒加熱去除部分酒味，再加入蕃茄醬及月桂葉續煮5分鐘至湯汁收乾，取出月桂葉，放入一半份量鹽調味，再將炒好的餡料倒入烤皿中備用（圖1）。

5 取出煮軟的馬鈴薯，去皮後放入大碗裡，加入剩下的鹽、調味料B壓拌成薯泥（圖2），均勻覆蓋於烤皿上層，用抹刀抹平表面（圖3），以叉子劃出紋路（圖4），再刷上蛋黃（圖5），放入烤箱，以200℃烘烤15分鐘至表面上色即完成。

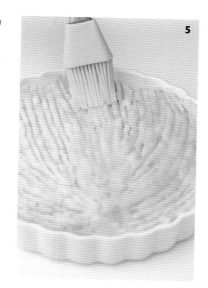

5

薯片蕃茄千層派

這道料理油脂成分少，建議在烤皿底部和側邊塗上少量奶油後再鋪餡料，
以免在烘烤過程中焦底。

Ingredient （4人份）

材 料

馬鈴薯2個(600g)‧蒜頭2瓣(15g)‧
蕃茄1個(150g)‧水煮鮪魚罐頭1罐

調 味 料

無鹽奶油適量‧牛奶360cc‧黑胡椒
粉1/4小匙‧鹽1/2小匙‧植物性鮮
奶油120cc

料 理 tips

＊若是不能調溫度的簡易小烤箱，
可以先將牛奶與薯片以中火煮滾，
轉小火續煮10分鐘，再倒入烤皿
裡，放入烤箱將薯片烤上色即可。
在煮到湯汁轉濃稠時很容易焦底
了，務必不時搖動鍋子即可避免。

Cooking

1 馬鈴薯去皮洗淨，切薄片；蒜頭去皮洗淨，切細碎，一起泡入牛奶中；
蕃茄洗淨去蒂，切薄片備用。

2 將烤箱以180℃預熱，將烤皿底部和側邊塗上無鹽奶油，將作法1的牛
奶薯片倒入烤皿，加入黑胡椒粉及鹽，再倒入鮮奶油，烤皿上面用鋁箔
紙蓋住（不需整個密封，稍微含住烤皿即可），放入烤箱先烤20分鐘。

3 將溫度調至160℃，並取下鋁箔紙續烤20分鐘，以湯匙輕壓表面時，薯
片沒有因湯汁而滑動為宜。

4 將蕃茄片平鋪於薯片上，續烤10分鐘即可取出，放涼10分鐘讓薯片完全
吸收湯汁，再依個人喜好取適量鮪魚碎搭配食用。

烤什錦佐陳醋

剩下的陳醋汁可以乾燥的玻璃瓶密封，再放入冰箱約保存1星期，做為生菜沙拉的清爽醬汁。

Ingredient （4人份）

材 料

杏鮑菇1支(120g)‧玉米1/2支(110g)‧茄子1條(200g)‧蕃茄1個(150g)‧紅甜椒1/3個(80g)‧黃甜椒1/3個(80g)‧南瓜1/7個(100g)

調 味 料

A 鹽1/4小匙‧橄欖油1大匙‧米酒1大匙‧黑胡椒粒適量‧無鹽奶油適量

B 紅酒400cc‧義大利陳醋400cc‧蜂蜜1大匙

Cooking

1 將紅酒、義大利陳醋倒入鍋中，以小火煮滾，轉微小火續煮10分鐘，放涼後再加入蜂蜜拌勻即為紅酒陳醋汁備用。

2 烤箱以180℃預熱；取一調理盆，將鹽、橄欖油、米酒及黑胡椒粒拌勻，備用。

3 杏鮑菇洗淨切角塊；紅、黃甜椒洗淨去籽，切成4塊；茄子洗淨對切，再切成4小段；玉米切2公分小段；蕃茄洗淨去蒂，切成4塊，備用。

4 將作法3全部蔬菜放入作法2調理盆裡充分拌勻，讓食材表面均勻沾上調味料後，倒入烤盤，放入烤箱以180℃先烤10分鐘。

5 將南瓜洗淨，連皮切角塊，塗上無鹽奶油，放於烤盤的一邊，並將烤盤上其他食材翻面，再續烤25分鐘，用竹籤測試南瓜，可以輕易穿過即表示熟軟，取出盛盤，食用時酌量沾紅酒陳醋汁即可。

料 理 tips

＊烤箱若沒有控制上下火的功能，或有受熱不均時，容易先烤焦表面而還沒有熟的狀況，這時需要降低溫度並時常翻轉受熱面。或者，先用微波爐以強微波加熱5～10分鐘煮熟後，再放入烤箱烤10分鐘上色即可。

鹹味芋頭酥餅

肉絲可以牛肉或雞肉取代，
變化不同風味的餡料。

Ingredient （6個）

材 料

芋頭......1/3個(200g)	
紅蘿蔔......1/6條(50g)	
蒜頭......2瓣(15g)	
豬肉......200g	
蛋......1個	
墨西哥餅皮......6片	

調 味 料

A

醬油......1.5大匙
沙茶醬......1大匙
五香粉......1/4小匙

B

高湯......120cc
白胡椒粉......1/4小匙
香菜葉......少許

料 理 t i p s

＊烤盤鋪鋁箔紙、烘焙紙或塗上一層薄油可以防沾黏。

＊可以「芋頭杏鮑菇滷肉」的芋頭排骨做為填料，記得避免太多湯汁，可預防包餡時餅皮濕透，影響外皮的酥香口感。

Cooking

1　芋頭去皮洗淨，刨絲；紅蘿蔔去皮洗淨，刨絲；蒜瓣去皮後拍碎，備用。

2　豬肉洗淨後切細絲，與調味料A拌勻，醃漬入味；蛋打散成蛋液，備用。

3　烤箱以180℃先預熱，烤盤鋪上一張鋁箔紙（或塗上一層薄油）備用。

4　取不沾鍋，以小火加熱，放入豬肉絲、芋頭絲、紅蘿蔔絲拌炒均勻，加入高湯，以大火煮滾，待約2分鐘至湯汁收乾，撒上白胡椒粉炒勻後熄火，盛出備用。

5　原不沾鍋以小火加熱，放入墨西哥餅皮，煎10秒呈微金黃，再翻面續煎10秒即可取出，平鋪於砧板上。

6　取1大匙作法4炒料鋪於餅皮中，周圍餅皮塗上一層蛋液（圖1），往中心折成四方形（圖2、3、4），對折的缺口以叉子按壓密合（圖5），再朝下平放於烤盤上，刷上少許蛋液（圖6），分別貼上1片香菜葉裝飾（圖7）。

7　將芋頭酥餅烤盤放入烤箱，以180℃烘烤15分鐘至表面上色且餅皮膨脹即可取出。

蔓越莓地瓜燒

蔓越莓酸甜滋味，能讓地瓜燒口感層次多一點，也可以用熟栗子或核果類做替換。

Ingredient （2人份）

材料

地瓜2條(500g)・蛋黃3個・蔓越莓乾2大匙

調味料

A　二砂糖1.5大匙・無鹽奶油2大匙・植物性鮮奶油10cc

B　蜂蜜2大匙

料理 tips

＊若選用較粗厚的地瓜，記得對切一半後再蒸較容易熟透，烤到入味的溫度需要降低10℃，時間也需拉長5～10分鐘。

＊出爐前撒上少許白芝麻，用餘溫烘烤1分鐘，可增添香氣以豐富口感。

＊蛋白可以用保鮮盒冷藏約3天，在下次煎蛋或煮湯時可以使用；也能醃漬肉類時使用，增加肉片的滑嫩度。

Cooking

1　地瓜表皮洗淨，放入蒸鍋裡，以中火蒸15分鐘，用牙籤測試中心點是否能輕易穿刺過去，可以就表示熟軟了，取出放於室溫至少10分鐘，讓本身的熱度收乾表皮的水分。

2　烤箱以180℃先預熱；取剪刀（或刀子）剪開地瓜皮，從2/3處剪開表皮，用小湯匙刮除中間部分的地瓜肉，留下邊緣約0.5公分厚度，挖出的地瓜肉放入鋼盆裡。

3　加入調味料A先壓拌地瓜成泥狀，再加入一半蛋黃液、蜂蜜充分攪拌均勻，用湯匙將地瓜泥填回地瓜殼，表面刷上剩下的蛋黃液。

4　再鋪上蔓越莓乾，稍微按壓鑲入地瓜泥中，再放入烤箱，以180℃烘烤15分鐘即可取出。

南瓜西米布丁

將烤皿放入烤盤後，以尖嘴量杯加入熱水於烤盤約6～7分滿，採隔水加熱的
方式讓布丁表面不會乾澀，入口也較滑嫩香甜。

Ingredient （4人份）

材 料

南瓜1/3個(250g)．熟
西谷米3大匙．蛋3個

調 味 料

牛奶480cc．細砂糖
120g．香草莢1/2支

Cooking

1　南瓜洗淨外皮，放入水裡（水量蓋過南瓜），以中火加熱，煮至南
　　瓜熟軟約15分鐘即可取出，以湯匙挖出南瓜肉再鋪入烤皿。

2　將熟西谷米和南瓜泥混合拌勻，再壓平於烤皿備用。

3　烤箱以180℃先預熱；香草莢剖開，以刀尖取出豆莢裡的香草籽，與
　　豆莢、牛奶、細砂糖一起放入鍋中，以小火加熱，邊煮邊攪拌至糖
　　溶解後熄火，即為牛奶香草液。

4　蛋打散，將牛奶香草液分次加入拌勻，以濾網過篩蛋液，再慢慢倒
　　入烤皿裡。

5　再放入烤箱，採隔水加熱方式，以180℃蒸烤30分鐘至蛋汁凝固即可
　　取出。

料 理 tips

＊在烤布丁的後半段要
注意烤箱上火的溫度，
若發現布丁表面已呈金
黃色，需立即將烤箱溫
度降低，以免過熟而使
布丁表面的口感像煎蛋
皮般乾硬不好吃。

二魚文化　魔法廚房 M052

超省錢蔬菜料理

作　者	黃筱蓁
攝　影	周禎和
企畫主編	葉菁燕
文字撰寫	黃筱蓁、燕湘綺
美術設計	蔡文錦

出 版 者　二魚文化事業有限公司
　　　　　社址　106 臺北市大安區和平東路一段 121 號 3 樓之 2
　　　　　網址 www.2-fishes.com
　　　　　電話 (02)23515288
　　　　　傳真 (02)23518061
　　　　　郵政劃撥帳號 19625599
　　　　　劃撥戶名　二魚文化事業有限公司
法律顧問　林鈺雄法律事務所

總 經 銷　大和書報圖書股份有限公司
　　　　　電話　(02)8990-2588
　　　　　傳真　(02)2290-1658

製版印刷／　彩峰造藝印像股份有限公司
初版一刷　　二〇一三年三月
ISBN　　　　978-986-6490-88-0
定　　價　　三三〇元

國家圖書館出版品預行編目資料

超省錢蔬菜料裡：20種耐放蔬菜烹調，完全不
浪費！／黃筱蓁著.
-- 初版. -- 臺北市：二魚文化, 2013.03
104面；18.5×24.5公分. -- (魔法廚房；
M052)
ISBN 978-986-6490-88-0(平裝)
1.蔬菜食譜
427.3　　　　　　　　　　　102000522